数学検定

実用数学技能検定
要点整理

THE MATHEMATICS CERTIFICATION INSTITUTE OF JAPAN
[THE 2nd GRADE]

2級

公益財団法人 日本数学検定協会

まえがき

　最近よく見かけるキーワードは"グローバル人材育成"というものです。

　大学では英語を中心とした授業を展開したり，異文化の理解を高めるための講義をしたりしています。グローバル人材の育成において，多言語の習得は大事なことです。しかし，すべての言語を習得し，各国の生活習慣を身につけることは並大抵のことではありません。そこで，みなさんに提案があります。グローバル人材として活躍するために"数学"を学んでみませんか。

　「実用数学技能検定（数学検定）」の上位階級を受検する方にとって，数学を学ぶ目的は「進学のため」「数学が好きでたまらない」「もう一度，高校数学を学びたい」と，さまざまです。しかし，このように多様な学習の目的がありながら，数学を学ぶことが"グローバル人材"につながるということを意識されている方はどれだけいらっしゃるでしょうか。

　現在，数学は世界共通の言語として認識されております。この多様化した社会において，人間もコンピュータも共通しているものは数学です。また，その数学は古代ギリシャや中国，アラビア，インドなどで生まれ，ヨーロッパで発展し，日本でも江戸時代，和算として多くの人々に親しまれてきました。そして，それらの数学的な思考は今でも社会にとって必要不可欠なものとなっています。このような状況から，数学を学ぶということは，これからの社会を築くために重要なものであり，過去と未来をつなぐ人類にとっての宝物であることがわかります。

　さて，当協会では実用数学技能検定のほかに「ビジネス数学検定」も実施しています。その関係で企業を訪問する機会が増えてきており，企業から「社員を対象にビジネスに関する数学の研修を実施してほしい」と要望されることがあります。その背景として，社員に英語研修をして海外の拠点に派遣しても，数理的な考えを含む論理的思考能力の欠如が原因で，仕事を任せられないという問題が派生していることがあげられます。ある大手食品メーカーの研修部長に，「グローバル人材として必要なスキルは何か」を尋ねたところ，「経営に関する数字の把握とそれらを伴うデータ分析能力である」と回答されました。

　企業を含め，ようやく数学の価値が評価され始めました。これを機にみなさんも数学のグローバルにおける価値を見つめ直してみてはいかがでしょうか。

公益財団法人 日本数学検定協会

目次

まえがき ……………………………………………………………………… 2
目次 ………………………………………………………………………… 3
本書の構成と使い方 ……………………………………………………… 4
受検ガイド(検定概要・受検申し込み) ………………………………… 6
階級の構成 ………………………………………………………………… 8
2級の検定基準(抄) ……………………………………………………… 9
取得のメリット …………………………………………………………… 10
2級合格をめざすためのチェックポイント …………………………… 12

第1章 いろいろな式 ……………………………………………………… 13
  1-1 数と式 ……………………………………………………………… 14
  1-2 等式・不等式の証明 ……………………………………………… 19
  1-3 集合と命題 ………………………………………………………… 24
  1-4 複素数 ……………………………………………………………… 29
  1-5 高次方程式 ………………………………………………………… 34

第2章 図形と方程式 ……………………………………………………… 39
  2-1 点と直線 …………………………………………………………… 40
  2-2 2次関数 …………………………………………………………… 44
  2-3 円と直線 …………………………………………………………… 51
  2-4 軌跡 ………………………………………………………………… 57

第3章 三角関数 …………………………………………………………… 61
  3-1 三角比 ……………………………………………………………… 62
  3-2 正弦定理と余弦定理 ……………………………………………… 67
  3-3 三角関数の加法定理 ……………………………………………… 75

第4章 指数関数と対数関数 ……………………………………………… 83
  4-1 指数と指数関数 …………………………………………………… 84
  4-2 対数と対数関数 …………………………………………………… 90

第5章 微分法と積分法 …………………………………………………… 97
  5-1 導関数 ……………………………………………………………… 98
  5-2 導関数の応用 ……………………………………………………… 103
  5-3 不定積分と定積分 ………………………………………………… 109
  5-4 積分法の応用 ……………………………………………………… 114

第6章 数列 ………………………………………………………………… 119
  6-1 等差数列と等比数列 ……………………………………………… 120
  6-2 いろいろな数列の和 ……………………………………………… 125
  6-3 漸化式と数学的帰納法 …………………………………………… 131

第7章 ベクトル …………………………………………………………… 137
  7-1 ベクトルとその演算 ……………………………………………… 138
  7-2 ベクトルと図形 …………………………………………………… 146

第8章 場合の数と確率 …………………………………………………… 157
  8-1 場合の数 …………………………………………………………… 158
  8-2 確率と期待値 ……………………………………………………… 164

第9章 数学検定特有問題 ………………………………………………… 171

本書の構成と使い方

本書は「苦手な分野を効率よく学習したい」「各単元の出題傾向を知りたい」などの要望に応えるための問題集として単元別に構成されています。各単元は，基本事項の説明と難易度別の問題から成り立っています。

1 基本事項の要点を確認する

単元のはじめに，基本事項についての説明があります。
苦手分野を克服したい場合は，このページからしっかり理解していきましょう。

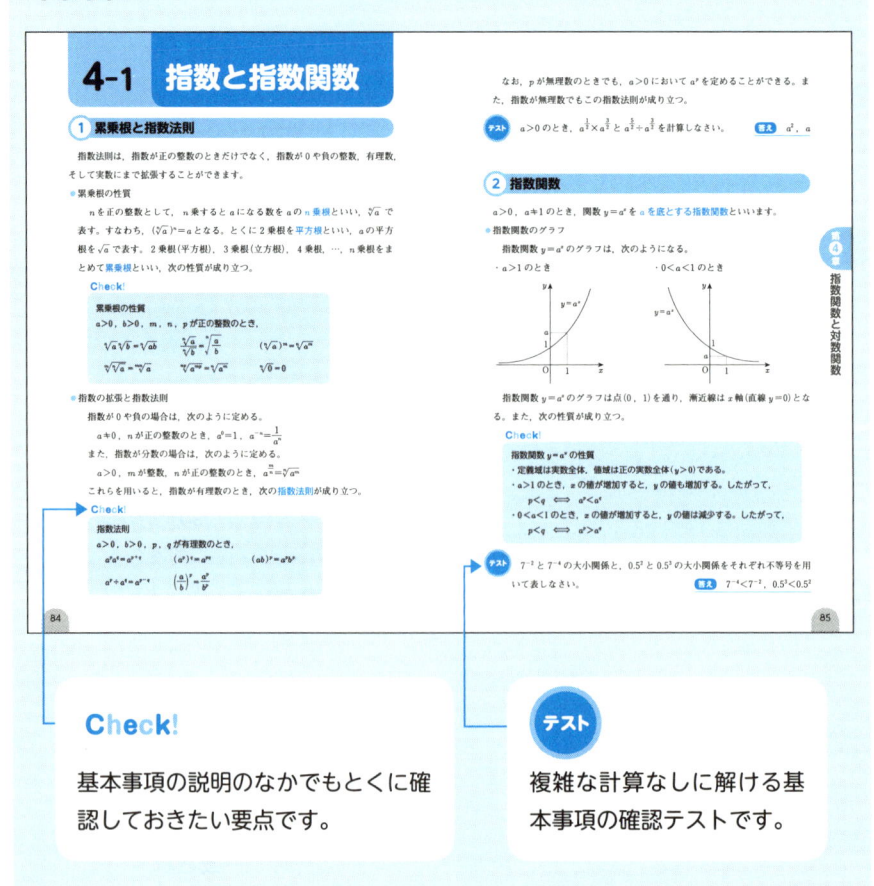

Check!
基本事項の説明のなかでもとくに確認しておきたい要点です。

テスト
複雑な計算なしに解ける基本事項の確認テストです。

2 難易度別の問題で理解を深める

難易度別の問題でステップアップしながら学習し、少しずつ着実に理解を深めていきましょう。

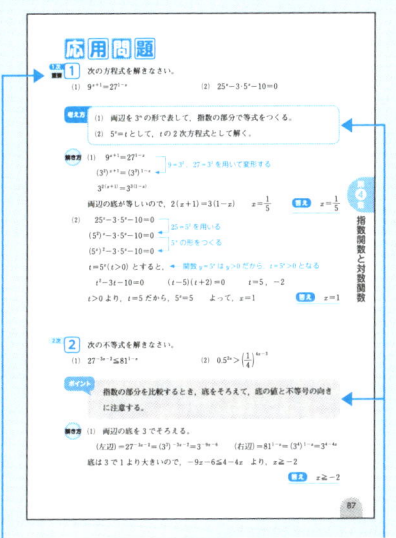

基本問題 ➡ 応用問題 ➡ 発展問題

1次 2次
1次対策問題か2次対策問題かはここでチェック！計算問題が苦手な人は 1次 マークの問題を、文章題が苦手な人は 2次 マークの問題に取り組みましょう。

重要
とくに重要な問題です。検定直前に復習するときは、このマークのついた問題を優先的に確認し、確実に解けるようにしておきましょう。

考え方 ポイント
解き方 にたどりつくまでのヒントです。わからなかったときは、これを参考にしましょう。

3 練習問題にチャレンジ！

練習問題

学習した内容がしっかりと身についているか、単元の終わりの「練習問題」で確認しましょう。

練習問題の解き方と答えは別冊に掲載されています。

受検ガイド（検定概要・受検申し込み）

実用数学技能検定の概要

「数学検定」と「算数検定」は正式名称を「実用数学技能検定」といい，それぞれ1～5級と6～11級の階級に相当します。数学・算数の実用的な技能（計算・作図・表現・測定・整理・統計・証明）を測る検定で，公益財団法人日本数学検定協会が実施している全国レベルの実力・絶対評価システムです。

受検申し込み（個人受検または団体受検のいずれかの方法で受検できます）

個人受検

個人受検は，全国の主要都市に設ける検定会場で4月・7月・11月（または10月）の年3回実施します。

① 受検階級を決める　※くわしくは「P8.階級の構成」を参照

階級	実用数学技能検定											
	算数検定						数学検定					
階級	11級	10級	9級	8級	7級	6級	5級	4級	3級	準2級	2級	準1級	1級
目安となる学年	小学校1年程度	小学校2年程度	小学校3年程度	小学校4年程度	小学校5年程度	小学校6年程度	中学校1年程度	中学校2年程度	中学校3年程度	高校1年程度	高校2年程度	高校3年程度	大学程度・一般

受検資格
原則として受検資格は問いません。

検定会場
全国の主要都市に設置します。

1～5級には，「1次：計算技能検定」と「2次：数理技能検定」があり，1次も2次も同じ日に行います。6～11級には1次・2次の区分はありません。同一検定日に同一の階級や複数の階級を受検することはできません。

② 受検申し込み

インターネットで申し込む

1. 実用数学技能検定公式サイトにアクセスします。
   【パソコンから】
   http://www.su-gaku.net/
   【携帯から】
   http://www.su-gaku.net/keitai/index.php
2. 選択した支払い方法にしたがって，検定料をお支払いください。

コンビニエンスストア端末で申し込む

1. 各コンビニエンスストアに設置されている情報端末を操作し，申し込みを行います。
2. 検定料をレジでお支払いください。
   【お申し込み取り扱いコンビニエンスストア】
   ・セブンイレブン「マルチコピー機」
   ・ローソン「Loppi」
   ・ファミリーマート「Famiポート」
   ・サークルKサンクス「カルワザステーション」
   ・ミニストップ「MINISTOP Loppi」

取扱書店で申し込む

1. 検定の申し込みを受け付けている書店で必要書類を入手し，検定料をお支払いください。
2. 必要書類を当協会に郵送してください。
   ※必要書類をご郵送くださらないと，申し込み完了となりません（締め切り日翌日の消印有効）。
   ※取り扱いがない書店もございます。

郵送で申し込む

1. 実用数学技能検定公式サイトに掲載されている「受検申込書」の必要事項にご記入のうえ，お近くの郵便局で検定料をお支払いください。
2. 「受検申込書」を含めた必要書類を，当協会まで郵送してください（締め切り日の消印有効）。

③ 受検証の送付
検定日の約1週間前までに，受検者あてに郵送します。

④ 検定日当日
検定開始時刻は午後を予定しています。

当日の持ち物
※階級によって持ち物が異なります。

持ち物＼階級	1〜5級	6〜8級	9〜11級
筆記用具	必須	必須	必須
ものさし（定規）	2次検定のみ必須	必須	必須
コンパス	2次検定のみ必須	必須	
分度器	2次検定のみ必須	必須	
電卓（算盤）	2次検定のみ持参してもよい		

2次：数理技能検定で使用できる電卓の種類 ○一般的な電卓 ○関数電卓 ○グラフ電卓

※通信機能や印刷機能をもつ電卓は使用できません。また，携帯電話・電子辞書・パソコン等の電卓機能も使用できません。

⑤ 合否結果の送付
検定日から約40日後を目安に，受検者あてに郵送します。

合格基準について

■ 1〜5級
1次：全問題の70％程度
2次：全問題の60％程度

■ 6〜11級
全問題の70％程度

合格証の種類

1〜5級	1次・2次検定ともに合格	実用数学技能検定合格証
	1次：計算技能検定のみに合格	計算技能検定合格証
	2次：数理技能検定のみに合格	数理技能検定合格証
6〜11級	合格点に達した場合	実用数学技能検定合格証
	不合格	未来期待証

団体受検
学校・学習塾・企業などで受検者が5人以上集まると団体受検を実施することができます。
くわしくは公式サイト（http://www.su-gaku.net/）をご覧ください。

階級の構成

	階級	構成	検定時間	出題数	合格基準	目安となる学年	検定料
数学検定	1級	1次：計算技能検定 2次：数理技能検定 があります。 はじめて受検するときは1次・2次両方を受検します。	1次：60分 2次：120分	1次：7問 2次：2題必須・5題より2題選択	1次：全問題の70％程度 2次：全問題の60％程度	大学程度・一般	5,000円
数学検定	準1級		1次：60分 2次：120分	1次：7問 2次：2題必須・5題より2題選択		高校3年程度 (数学Ⅲ程度)	4,500円
数学検定	2級		1次：60分 2次：90分	1次：15問 2次：2題必須・5題より3題選択		高校2年程度 (数学Ⅱ・数学B程度)	4,000円
数学検定	準2級		1次：60分 2次：90分	1次：15問 2次：10問		高校1年程度 (数学Ⅰ・数学A程度)	3,500円
数学検定	3級		1次：60分 2次：60分	1次：30問 2次：20問		中学校3年程度	3,000円
数学検定	4級		1次：60分 2次：60分	1次：30問 2次：20問		中学校2年程度	2,500円
数学検定	5級		1次：60分 2次：60分	1次：30問 2次：20問		中学校1年程度	2,500円
算数検定	6級	1次／2次の区分はありません。	50分	30問	全問題の70％程度	小学校6年程度	2,000円
算数検定	7級		50分	30問		小学校5年程度	2,000円
算数検定	8級		50分	30問		小学校4年程度	2,000円
算数検定	9級		40分	20問		小学校3年程度	1,500円
算数検定	10級		40分	20問		小学校2年程度	1,500円
算数検定	11級		40分	20問		小学校1年程度	1,500円

2級の検定基準(抄)
検定内容および技能の概要

検定の内容	技能の概要	目安となる学年
式と証明,分数式,高次方程式,いろいろな関数(指数関数・対数関数・三角関数・高次関数),点と直線,円の方程式,軌跡と領域,微分係数と導関数,不定積分と定積分,ベクトル,複素数,方程式の解,確率分布と統計的な推測,コンピュータ(数値計算)など	日常生活や業務で生じる課題や問題を合理的に処理するために必要な数学技能(数学的な活用) 1. 複雑なグラフの表現ができる。 2. 情報の特徴を掴みグループ分けや基準を作ることができる。 3. 身の回りの事象を数学的に発見できる。	高校2年程度
数と集合,数と式,二次関数・グラフ,二次不等式,三角比,データの分析,場合の数,確率,整数の性質,n進法,図形の性質,等差数列,等比数列,コンピュータ(流れ図・近似値),統計処理の基礎,離散グラフ,数学の歴史的観点 など	日常生活や社会活動に応じた課題を正確に処理するために必要な数学技能(数学的な活用) 1. グラフや図形の表現ができる。 2. 情報の選別や整理ができる。 3. 身の回りの事象を数学的に説明できる。	高校1年程度

2級の検定内容は以下のような構造になっています。

高校2年程度	高校1年程度	特有問題
50%	40%	10%

※割合はおおよその目安です。
※検定内容の10%にあたる問題は,実用数学技能検定特有の問題です。

取得のメリット

実用数学技能検定を取得すると，さまざまなメリットがあります。

1 入試における活用

入試の際，実用数学技能検定を**活用**(「優遇」「評価」「参考程度」含む)**する学校が増えています。**

高校入試

　高校の入試における生徒の評価基準として，学科試験の成績だけではなく，中学在学中の実用数学技能検定の取得を評価する学校が増えています。入試時の点数加算から参考要素とするなど，それぞれの学校において，活用の内容はさまざまです。

大学入試

　大学入試において，受験者の総合的な人物評価の基準として実用数学技能検定の取得を活用する大学・短大が増えています。入試時の点数加算や出願要件，参考要素とするなど，それぞれの大学・短大において，活用の内容はさまざまです。

2 高卒認定

文部科学省が行う「高等学校卒業程度認定試験」(旧「大検」)の必須科目「数学」が試験免除になります(2級以上合格)。

　「高等学校卒業程度認定試験」(旧「大検」)で実用数学技能検定の合格を証明する場合は，「合格証明書」が必要となります。

3 単位認定制度

実用数学技能検定の取得者に，数学などの単位を認定する学校が増えています。

それぞれの学校で定められた一定の階級の実用数学技能検定取得者に対して，単位を認める制度が「単位認定制度」です。

4 就職に活用

企業の採用資料として広く活用されている「SPI試験の非言語分野」と実用数学技能検定準2級・3級の出題範囲は共通している部分があります。

SPI試験の非言語分野 → 共通の出題範囲 → 数学検定 準2級 74% ／ 3級 53%

5 「実用数学技能検定グランプリ」表彰制度

とくに成績優秀な受検者・受検団体は表彰されます。

「実用数学技能検定グランプリ」は，積極的に算数・数学の学習に取り組んでいる団体・個人の努力を称え，さらに今後の指導・学習の励みとする目的で，とくに成績優秀な団体および個人を表彰する制度です。毎年，実用数学技能検定を受検された団体・個人からそれぞれ選考されます。

2級合格をめざすための チェックポイント

数学検定2級でおさえておきたいおもなポイントを整理しました。
受検前の最終チェックに活用してください。

■三角関数

●加法定理

$\sin(\alpha \pm \beta) = \sin\alpha\cos\beta \pm \cos\alpha\sin\beta$
$\cos(\alpha \pm \beta) = \cos\alpha\cos\beta \mp \sin\alpha\sin\beta$
（複号同順）

●2倍角の公式

$\sin 2\theta = 2\sin\theta\cos\theta$
$\cos 2\theta = \cos^2\theta - \sin^2\theta$
$ = 2\cos^2\theta - 1 = 1 - 2\sin^2\theta$

■指数関数と対数関数

●累乗根の性質

$a>0$, $b>0$, m, n, p が正の整数のとき，

$\sqrt[n]{a}\sqrt[n]{b} = \sqrt[n]{ab}$ $\qquad \dfrac{\sqrt[n]{a}}{\sqrt[n]{b}} = \sqrt[n]{\dfrac{a}{b}}$

$(\sqrt[n]{a})^m = \sqrt[n]{a^m}$ $\qquad \sqrt[m]{\sqrt[n]{a}} = \sqrt[mn]{a}$

$\sqrt[n]{a^m} = \sqrt[np]{a^{mp}}$ $\qquad \sqrt[n]{0} = 0$

●指数法則

$a>0$, $b>0$, p, q が有理数のとき，

$a^p a^q = a^{p+q}$ $\qquad (a^p)^q = a^{pq}$
$(ab)^p = a^p b^p$ $\qquad a^p \div a^q = a^{p-q}$
$\left(\dfrac{a}{b}\right)^p = \dfrac{a^p}{b^p}$

●対数

$a>0$, $a \neq 1$ で，$M>0$ のとき，

$a^p = M \iff p = \log_a M$

●対数の性質

$a>0$, $a \neq 1$, $M>0$, $N>0$ のとき，

$\log_a MN = \log_a M + \log_a N$

$\log_a \dfrac{M}{N} = \log_a M - \log_a N$

$\log_a M^p = p \log_a M$ （p は実数）

●底の変換公式

$a>0$, $a \neq 1$, $b>0$, $b \neq 1$, $c>0$, $c \neq 1$ のとき，

$\log_a b = \dfrac{\log_c b}{\log_c a}$

■微分法と積分法

●接線の方程式

曲線 $y = f(x)$ 上の点 $(a, f(a))$ における接線の方程式は，
$y - f(a) = f'(a)(x - a)$

●x^n の不定積分

$\displaystyle\int x^n dx = \dfrac{1}{n+1}x^{n+1} + C$

（C は積分定数）

■数列

●等差数列の一般項

$a_n = a_1 + (n-1)d$ （d は公差）

●等比数列の一般項

$a_n = a_1 r^{n-1}$ （r は公比）

第1章

いろいろな式

- 1-1 数と式 …………………… 14
- 1-2 等式・不等式の証明 …………… 19
- 1-3 集合と命題 ………………… 24
- 1-4 複素数 …………………… 29
- 1-5 高次方程式 ………………… 34

1-1 数と式

1 実数

実数には，整数 n と 0 でない整数 m を用いて分数 $\frac{n}{m}$ の形に表すことができる**有理数**と，表すことができない**無理数**があります。

有理数には**整数**，**有限小数**，**循環小数**があります。それらの和，差，積，商もまた有理数です。

● 分数と循環小数の計算

循環小数は，$\frac{3}{22} = 0.1\dot{3}\dot{6}$ のように，繰り返す小数の上に "・" の印をつけて表す。

Check!

$$\text{実数} \begin{cases} \text{有理数} \begin{cases} \text{整数} \\ \text{有限小数} \\ \text{循環小数} \end{cases} \\ \text{無理数} \end{cases}$$

テスト $\frac{10}{3}$ を循環小数で表しなさい。　　**答え** $3.\dot{3}$

● √を含む分母の有理化

分母に根号を含む分数は，分母と分子に同じ実数をかけて分母を有理化する。

・$\dfrac{1}{\sqrt{3}+\sqrt{2}} = \dfrac{\sqrt{3}-\sqrt{2}}{(\sqrt{3}+\sqrt{2})(\sqrt{3}-\sqrt{2})} = \dfrac{\sqrt{3}-\sqrt{2}}{3-2} = \sqrt{3}-\sqrt{2}$　　$(\sqrt{3}-\sqrt{2})$ を分母と分子にかける

テスト $\dfrac{\sqrt{3}+1}{\sqrt{3}-1}$ の分母を有理化しなさい。　　**答え** $2+\sqrt{3}$

2 3次式の乗法公式と因数分解

乗法公式を覚えておくと，因数分解に応用することができます。

● 整式の乗法

整式の積は分配法則で展開し，同類項をまとめて降べきの順に整理する。

テスト $(x^2+x-1)^2$ を展開して計算しなさい。　　**答え** $x^4+2x^3-x^2-2x+1$

- 3次式の乗法公式

展開の公式を知っておくと，因数分解に応用することができる。

> **Check!**
> 3次式の乗法公式　$(a+b)^3 = a^3 + 3a^2b + 3ab^2 + b^3$
> $(a-b)^3 = a^3 - 3a^2b + 3ab^2 - b^3$

テスト　$(2x-y)^3$ を展開して計算しなさい。　**答え**　$8x^3-12x^2y+6xy^2-y^3$

- 因数分解

整式 P をいくつかの1次以上の整式の積の形に表すことを，**因数分解する**という。このとき，積をつくっているそれぞれの整式を P の**因数**という。

テスト　$2ax^2+abx$ を因数分解しなさい。　**答え**　$ax(2x+b)$

- 3次式の因数分解

3次式の乗法公式 $(a+b)^3=a^3+3a^2b+3ab^2+b^3$ を変形すると，
$(a+b)^3-3a^2b-3ab^2=a^3+b^3$ だから，
$$(左辺)=(a+b)(a^2+2ab+b^2)-3ab(a+b)$$
$$=(a+b)(a^2+2ab+b^2-3ab)=(a+b)(a^2-ab+b^2)$$
となる。これが，a^3+b^3 の因数分解の公式である。

> **Check!**
> 3次式の因数分解　$a^3 + b^3 = (a+b)(a^2 - ab + b^2)$
> $a^3 - b^3 = (a-b)(a^2 + ab + b^2)$

テスト　$\dfrac{1}{8}x^3+8y^3$ を因数分解しなさい。

答え　$\left(\dfrac{1}{2}x+2y\right)\left(\dfrac{1}{4}x^2-xy+4y^2\right)$

または　$\dfrac{1}{8}(x+4y)(x^2-4xy+16y^2)$

3 2重根号

2重根号ははずして簡単にできることがあります。

- 2重根号のはずし方

  $a>0$, $b>0$ である実数 a, b について,
  $$(\sqrt{a}+\sqrt{b})^2=(\sqrt{a})^2+2\sqrt{a}\sqrt{b}+(\sqrt{b})^2=a+b+2\sqrt{ab}$$
  $$(\sqrt{a}-\sqrt{b})^2=(\sqrt{a})^2-2\sqrt{a}\sqrt{b}+(\sqrt{b})^2=a+b-2\sqrt{ab}$$

  が成り立つ。このことから、次のことがいえる。

Check!

2重根号のはずし方

$a>0$, $b>0$ のとき, $\sqrt{a+b+2\sqrt{ab}}=\sqrt{a}+\sqrt{b}$ ← $\sqrt{(\sqrt{a}+\sqrt{b})^2}$

$a>b>0$ のとき, $\sqrt{a+b-2\sqrt{ab}}=\sqrt{a}-\sqrt{b}$ ← $\sqrt{(\sqrt{a}-\sqrt{b})^2}$

$a>b>0$ のとき, $\sqrt{a}>\sqrt{b}$ だから $\sqrt{a}-\sqrt{b}>0$ となる

テスト 次の式の2重根号をはずして簡単にしなさい。

$\sqrt{5+2\sqrt{6}}$

答え $\sqrt{2}+\sqrt{3}$

基本問題

1次 重要 1 次の計算をしなさい。

$$\frac{\sqrt{2}}{\sqrt{2}-1}-\frac{1}{\sqrt{2}+1}$$

考え方 通常は、分母を有理化するために、$\sqrt{2}+1$ や $\sqrt{2}-1$ を分子と分母にそれぞれかけるが、この場合は通分すればよい。

解き方 $\dfrac{\sqrt{2}}{\sqrt{2}-1}-\dfrac{1}{\sqrt{2}+1}=\dfrac{\sqrt{2}(\sqrt{2}+1)-(\sqrt{2}-1)}{(\sqrt{2}-1)(\sqrt{2}+1)}=\dfrac{2+\sqrt{2}-\sqrt{2}+1}{2-1}=3$

答え 3

重要 2 $x+\dfrac{1}{x}=\sqrt{5}$ のとき，$x^2+\dfrac{1}{x^2}$ の値を求めなさい。

考え方 $x+\dfrac{1}{x}=\sqrt{5}$ の両辺を2乗する。

解き方
$$\left(x+\dfrac{1}{x}\right)^2=(\sqrt{5})^2$$
$$x^2+2+\dfrac{1}{x^2}=5 \quad \leftarrow 両辺を2乗する$$
$$x^2+\dfrac{1}{x^2}=3 \quad \leftarrow 両辺から2をひく$$

答え 3

応用問題

1 次の式を因数分解しなさい。
$$x^2+x(y+2)-(2y+1)(y-1)$$

ポイント たすきがけを利用する。

解き方
$$x^2+x(y+2)-(2y+1)(y-1)$$
$$=\{x+(2y+1)\}\{x-(y-1)\}$$
$$=(x+2y+1)(x-y+1)$$

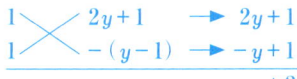

たすきがけ
$$\begin{array}{ccc} 1 & \diagdown & 2y+1 \to 2y+1 \\ 1 & \diagup & -(y-1) \to -y+1 \\ & & \overline{y+2} \end{array}$$

答え $(x+2y+1)(x-y+1)$

2 $2+\sqrt{3}=\dfrac{4+2\sqrt{3}}{2}$ であることを利用して，$\sqrt{2+\sqrt{3}}$ の2重根号をはずして簡単にしなさい。

解き方 $2+\sqrt{3}=\dfrac{4+2\sqrt{3}}{2}$ より，$\sqrt{2+\sqrt{3}}=\sqrt{\dfrac{4+2\sqrt{3}}{2}}$ だから，

$$\sqrt{2+\sqrt{3}}=\sqrt{\dfrac{4+2\sqrt{3}}{2}}=\dfrac{\sqrt{(3+1)+2\sqrt{3\cdot 1}}}{\sqrt{2}}=\dfrac{\sqrt{3}+1}{\sqrt{2}}$$

$$=\dfrac{(\sqrt{3}+1)\sqrt{2}}{\sqrt{2}\cdot\sqrt{2}}=\dfrac{\sqrt{6}+\sqrt{2}}{2}$$

答え $\dfrac{\sqrt{6}+\sqrt{2}}{2}$

第1章 いろいろな式

練習問題

答え：別冊 P3~P4

1 循環小数 $0.\dot{5}\dot{1}$ を分数の形で表しなさい。

2 分母を有理化して，次の計算をしなさい。

$$\frac{\sqrt{2}+1}{\sqrt{6}-\sqrt{3}} + \sqrt{\frac{2}{3}}$$

3 次の式を展開して計算しなさい。

$(a+b)^4$

4 次の式を因数分解しなさい。

$2x^2+9xy+4y^2-8x-11y+6$

5 $x=\dfrac{2}{\sqrt{5}-\sqrt{3}}$，$y=\dfrac{2}{\sqrt{5}+\sqrt{3}}$ のとき，次の問いに答えなさい。ただし，答えは分母を有理化して求めなさい。

(1) x^2+y^2 の値を求めなさい。

(2) x^3+y^3 の値を求めなさい。

6 $\sqrt{5-\sqrt{21}}$ の2重根号をはずして簡単にしなさい。

1-2 等式・不等式の証明

1 恒等式の利用

恒等式とは，式中の文字にどんな値を代入しても，等式が成り立つ式のことをいいます。恒等式を利用して，式中の未知数を決定することができます。

● 恒等式

x についての2次式では，次のことがいえる。

Check!

(1) $P=0$ が恒等式 $\iff$ P の各項の係数がすべて 0
$ax^2+bx+c=0 \iff a=0,\ b=0,\ c=0$

(2) $P=Q$ が恒等式 $\iff$ P と Q の各項の係数が等しい
$ax^2+bx+c=a'x^2+b'x+c' \iff a=a',\ b=b',\ c=c'$

└ (2)は，移項して $P-Q=0$ とすると，(1)の形 $P=0$ になる

テスト 等式 $5ax^2-(5+b)x+bx^2=0$ が x についての恒等式になるように，定数 a，b の値を定めなさい。 **答え** $a=1$，$b=-5$

2 等式の証明

与えられた等式 $A=B$ の証明には，いくつか方法があります。

● 式変形による等式 $A=B$ の証明

- $A=B$ の A(左辺) または B(右辺) を変形し，他方を導く。
- $A=B$ の両辺を変形し $A=C$，$B=C$ であることを導く。
- $A-B=0$ であることを示す。

Check!

$A=C$ かつ $B=C$ ならば，$A=B$

たとえば，等式 $(a+b)^2+(a-b)^2=2a^2+2b^2$ が成り立つことを証明すると，
(左辺) $=(a^2+2ab+b^2)+(a^2-2ab+b^2)$ ← 左辺を展開して，右辺を導く
$=2a^2+2b^2=$ (右辺)

となる。

● 条件式を利用した等式 $A=B$ の証明

・条件式を変形・代入して証明したい等式から文字を減らす方法

証明したい等式が文字 a, b, c, … を含むとき，与えられた条件式を等式に代入して，文字を1つ消去する方法がある。

たとえば，$a+b+c=0$ のとき，等式 $(a+b)(b+c)(c+a)=-abc$ が成り立つことを証明すると，次のようになる。

条件式 $c=-a-b$ を等式の左辺と右辺にそれぞれ代入すると，

(左辺) $=(a+b)(b-a-b)(-a-b+a)=ab(a+b)$

(右辺) $=-ab(-a-b)=ab(a+b)$

以上から，(左辺) $=$ (右辺) となって題意が示されたことになる。

・条件式と因数分解または平方完成した等式を組み合わせる方法

等式の右辺を 0 にして，左辺を多項式 A, B の積 $A\times B$ の形に因数分解して，$A\times B=0$ の形から $A=0$ または $B=0$ を導いたり，平方完成により $A^2+B^2=0$ の形にして，$A=0$ かつ $B=0$ を示し，証明する。

たとえば，等式 $ac+bd=bc+ad$ が成り立つならば，$a=b$ または $c=d$ であることを証明すると，次のようになる。

$ac+bd=bc+ad$ $ac-bc-ad+bd=0$ $c(a-b)-d(a-b)=0$

$(a-b)(c-d)=0$ よって，$a=b$ または $c=d$

3 不等式の証明

● 不等式 $A>B$ $(A\geqq B)$ の証明

不等式 $A>B$ の証明は，等式の証明と同様に，実数の大小関係の性質を利用したりして，$A-B>0$ を示す。

また，平方の性質を利用して解く問題もある。たとえば，不等式

$2x^2+y^2+2x+1\geqq 2xy$

がすべての実数 x, y について成り立つことを証明するには，次のようにする。

(左辺) $-$ (右辺) $=x^2-2xy+y^2+x^2+2x+1$

$=(x-y)^2+(x+1)^2\geqq 0$

等号が成り立つ条件は，$x-y=0$ かつ $x+1=0$ より，$x=y=-1$ である。

- 根号を含む不等式 $A>B$ ($A\geqq B$) の証明
  - 平方の性質を利用する方法

  根号を含む不等式で，$A\geqq 0$，$B\geqq 0$ のとき，$A>B$ を証明するために，両辺を平方して，$A^2-B^2>0$ を示す。

  Check!

  $a>0$，$b>0$ のとき，$a>b \iff a^2>b^2$　　$a\geqq b \iff a^2\geqq b^2$

  - 相加平均と相乗平均の関係を利用する方法

  Check!

  相加平均と相乗平均の関係
  $a>0$，$b>0$ のとき，$\dfrac{a+b}{2}\geqq \sqrt{ab}$　　← 等号が成り立つのは，$a=b$ のとき

テスト　6と24，12と12の相加平均と相乗平均をそれぞれ求めなさい。

答え　6と24の相加平均は15，相乗平均は12

12と12の相加平均は12，相乗平均は12

基本問題

1 [2次] 次の等式が x についての恒等式となるように，定数 a，b，c の値を定めなさい。

$$a(x-1)(x+1)+b(x+1)x+c(x-1)x=2x^2+3x-1$$

考え方　両辺に $x=1$，0，-1 をそれぞれ代入して a，b，c を求める。

解き方　両辺に $x=1$ を代入して，$2b=4$　　よって，$b=2$

両辺に $x=0$ を代入して，$-a=-1$　　よって，$a=1$

両辺に $x=-1$ を代入して，$2c=-2$　　よって，$c=-1$

このとき，与えられた等式は x についての恒等式になる。

よって，$a=1$，$b=2$，$c=-1$ である。　　**答え**　$a=1$，$b=2$，$c=-1$

第①章　いろいろな式

2次 2 $a>0$ のとき，$a+\dfrac{1}{a}\geqq 2$ であることを証明しなさい。

考え方 相加平均と相乗平均の関係を使う。

解き方 $a>0$ より，$\dfrac{1}{a}>0$ である。相加平均と相乗平均の関係から，

$$\dfrac{1}{2}\left(a+\dfrac{1}{a}\right)\geqq \sqrt{a\times \dfrac{1}{a}}=1 \qquad 両辺を2倍して，a+\dfrac{1}{a}\geqq 2$$

等号が成り立つのは，$a=\dfrac{1}{a}$ のとき，つまり $a^2=1$ のときであるが，ここで $a>0$ より，$a=1$ のときである。

応用問題

2次 1 a，b，c，x，y，z をすべて実数とするとき，次の不等式が成り立つことを証明しなさい。

$$(a^2+b^2+c^2)(x^2+y^2+z^2)\geqq (ax+by+cz)^2$$

考え方 (左辺)−(右辺)を計算し，平方の性質を使う。

解き方 (左辺)−(右辺)
$= (a^2x^2+a^2y^2+a^2z^2+b^2x^2+b^2y^2+b^2z^2+c^2x^2+c^2y^2+c^2z^2)$
$\quad -(a^2x^2+b^2y^2+c^2z^2+2abxy+2bcyz+2cazx)$
$= (a^2y^2-2abxy+b^2x^2)+(b^2z^2-2bcyz+c^2y^2)+(c^2x^2-2cazx+a^2z^2)$
$= (ay-bx)^2+(bz-cy)^2+(cx-az)^2\geqq 0$

以上から，不等式は成り立つ。等号が成り立つのは，

$$ay-bx=0, \quad bz-cy=0, \quad cx-az=0$$

のとき，すなわち $\dfrac{a}{b}=\dfrac{x}{y}$，$\dfrac{b}{c}=\dfrac{y}{z}$，$\dfrac{c}{a}=\dfrac{z}{x}$ のときである。

練習問題

1 次の等式が x についての恒等式になるように，定数 a, なさい。

$$ax^2+bx+c=(4x-1)^2$$

2 $a+b=1$ のとき，次の等式が成り立つことを証明しなさい。
$$a^2-a=b^2-b$$

3 $\dfrac{a}{b}=\dfrac{c}{d}$ のとき，等式 $\dfrac{a}{b}=\dfrac{3a+c}{3b+d}$ を証明しなさい。

4 x, y を実数とするとき，$x^2-xy+y^2\geqq 0$ を証明しなさい。
また等号が成り立つときの x, y の値を求めなさい。

5 次の不等式を証明しなさい。
$$|a|+|b|\geqq|a+b|$$

1-3 集合と命題

1 集合とその表し方

定義のはっきりしたものの集まりを**集合**，その集合を構成する個々のものを**要素**といいます。問題によって集合の要素の定義や個数を明確に表す必要があります。

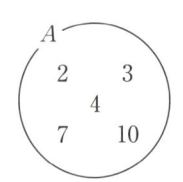

- 集合の表し方
  - 要素を書き並べる表し方 … $A = \{2, 3, 4, 7, 10\}$

    この集合 A の要素の個数は 5。各要素は「,」で区切って並べる
要素が数のときは小さい順に並べるとわかりやすい

  - 要素の条件を示す表し方 … $B = \{x \mid x は 8 の正の約数全体\}$

    要素を書き並べる方法で表すと
    $B = \{1, 2, 4, 8\}$

- 共通部分，和集合，補集合

  下の図は，全体集合 U，2 つの部分集合 A，B について，視覚的に図式化したもので，このような図を**ベン図**という。

  図 1 が示す部分を，A，B の**共通部分**といい，$A \cap B$ で表す。

  図 2 が示す部分を，A，B の**和集合**といい，$A \cup B$ で表す。

  図 3 が示す部分を，A，B の**補集合**といい，$\overline{A}$ で表す。

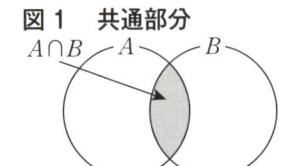

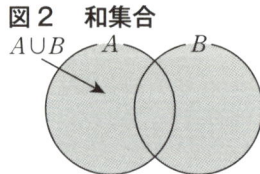

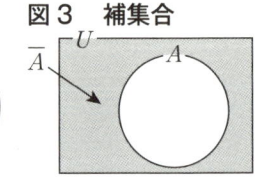

図1 共通部分　**図2 和集合**　**図3 補集合**

Check!

ド・モルガンの法則　$\overline{A \cup B} = \overline{A} \cap \overline{B}$　$\overline{A \cap B} = \overline{A} \cup \overline{B}$

テスト 2 つの集合 $A = \{2, 3, 4, 7\}$，$B = \{1, 2, 4, 8\}$ について，共通部分 $A \cap B$ を，要素を書き並べる方法で表しなさい。　**答え** $\{2, 4\}$

2 命題

● 命題

正しいか正しくないかが明確に決められる事柄を述べた文や式を**命題**という。命題「p(仮定)$\Longrightarrow q$(結論)」が偽である，つまり命題が成り立たないことを示すには，「pであるがqでない例」を1つあげればよい。この例を**反例**という。

Check!

条件pを満たす集合をP，条件qを満たす集合をQとすると，図の×印部分は命題「$p \Longrightarrow q$」の反例の1つである。

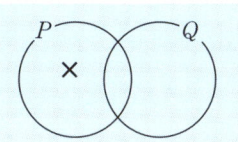

テスト 命題『整数nが素数ならば，nは奇数である』は偽です。この反例をあげなさい。
答え $n=2$

● 条件の否定と逆，裏，対偶

条件「pでない」をpの**否定**といい，$\bar{p}$で表す。また条件$\bar{p}$の否定はpである。

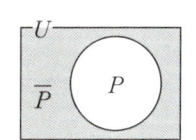

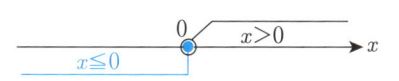

・「$x>0$」の否定は「$x\leqq0$」

命題が0を含まないとき，その否定は0を含むことに注意する

・「$m=0$ または $n=0$」の否定は「$m \neq 0$ かつ $n \neq 0$」
 「$m=0$ かつ $n=0$」の否定は「$m \neq 0$ または $n \neq 0$」

・nが整数のとき，「nは偶数」の否定は「nは奇数」

・mが実数のとき，「mは有理数」の否定は「mは無理数」

命題「$p \Longrightarrow q$」に対して，「$q \Longrightarrow p$」を**逆**，「$\bar{p} \Longrightarrow \bar{q}$」を**裏**，「$\bar{q} \Longrightarrow \bar{p}$」を**対偶**という。

テスト 条件「$-1 \leqq x < 3$」の否定を「かつ」か「または」を使って述べなさい。
答え $x < -1$ または $3 \leqq x$

3 対偶・背理法を利用した命題の証明

ここで学ぶ証明方法は，論理的な考えをする上でとても大切です。これらの証明方法をしっかりと理解しましょう。

● 対偶による証明

命題「$p \Longrightarrow q$」とその対偶「$\bar{q} \Longrightarrow \bar{p}$」の真偽は一致する。このことから，命題「$p \Longrightarrow q$」を証明するために，その対偶「$\bar{q} \Longrightarrow \bar{p}$」を証明する方法もある。命題が真ならばその対偶は真だが，逆や裏は真とは限らない。

たとえば n が整数のとき，命題「n^2 が奇数ならば n は奇数である」の対偶は，「n が偶数ならば n^2 は偶数である」で，これは真だからもとの命題も真である。

● 背理法による証明

ある命題が真であることを証明する方法に，**背理法**がある。仮に命題が成り立たないとすると矛盾が生じることを示して，その命題が成り立つと証明する。

基本問題

1 $U = \{x \mid x は 1 以上 8 以下の整数\}$ を全体集合とします。このとき，部分集合 $A = \{3, 5, 6\}$ の補集合 $\bar{A}$ を，要素を書き並べる方法で表しなさい。

考え方 ベン図を使って U と A の要素を整理する。

解き方 下のようにベン図を用いて，$\bar{A}$ の要素を書き並べる。

← 要素をベン図にかき込んでいき，「U に含まれるが A に含まれない」要素に注目する

答え $\{1, 2, 4, 7, 8\}$

2 A を 32 の正の約数全体の集合，B を 32 以下の正の偶数全体の集合とします。このとき，$A \cap B$ の要素の個数を求めなさい。

考え方 A, B および $A\cap B$ それぞれの要素を書き表す。

解き方 $A=\{1, 2, 4, 8, 16, 32\}$
$B=\{2, 4, 6, 8, 10, 12, 14, 16, \cdots\cdots, 32\}$
よって，$A\cap B=\{2, 4, 8, 16, 32\}$ だから，
$A\cap B$ の要素の個数は5個とわかる。

←ベン図を利用するとよい

答え 5個

応用問題

2次 1 次の命題が真であることを証明しなさい。

「整数 m, n について，$mn\neq12$ ならば，$m\neq3$ または $n\neq4$ である」

考え方 命題の対偶が真であることを示す。

解き方 整数 m, n について，「$mn\neq12$」の否定は「$mn=12$」で，「$m\neq3$ または $n\neq4$」の否定は「$m=3$ かつ $n=4$」である。

よって，与えられた命題の対偶は，「$m=3$ かつ $n=4$ ならば，$mn=12$」となる。対偶は真だから，もとの命題も真である。

2次 2 $\sqrt{3}$ が無理数であることを用いて，$1+\sqrt{3}$ が無理数であることを証明しなさい。

考え方 背理法で考える。

解き方 背理法で解く。まず，$a=1+\sqrt{3}$ として，a が無理数でない，つまり有理数であると仮定する。式を変形して，

$\sqrt{3}=a-1$ …(※)

(※)の右辺について，a も1も有理数だから，その差は有理数である。これは(※)の左辺 $\sqrt{3}$ が無理数であることに矛盾する。したがって，$1+\sqrt{3}$ は無理数である。

練習問題

答え：別冊 p5～p6

1 次の 2 つの集合 A, B について，集合 $A \cup B$ の要素の個数を求めなさい。

$A = \{2, 3, 5, 9, 10\}$, $B = \{1, 3, 5, 7, 10\}$

2 $U = \{x \mid x は 16 以下の正の整数\}$ を全体集合とします。U の 2 つの部分集合 A, B を，

$A = \{x \mid x は 16 の正の約数\}$

$B = \{2, 5, 6, 7, 9, 10, 15, 16\}$

とするとき，集合 $A \cap \overline{B}$ を，要素を書き並べる方法で表しなさい。ただし，$\overline{B}$ は B の補集合を表します。

3 次の命題が真か偽か調べなさい。真のときはその証明をし，偽のときはその反例をあげなさい。

「$x^2 > 49$ ならば，$x > 7$」

4 命題「整数 n について，$n(n+2)$ が 4 の倍数ならば，n は偶数である」について，次の問いに答えなさい。

(1) この命題の対偶を述べなさい。

(2) (1)の答えを用いて，この命題が真であることを証明しなさい。

5 a, b, c を正の整数とします。$a^2 + b^2 = c^2$ が成り立つとき，a, b, c のうち少なくとも 1 つは 3 の倍数であることを証明しなさい。

1-4 複素数

1 複素数とその四則計算

2乗して -1 になる数は実数の範囲にはありません。そこで,新たに $i^2=-1$ ($i=\sqrt{-1}$)を満たす数 i (虚数単位)を考えます。

● 複素数

2つの実数 a, b を用いて,$a+bi$ と表される数を**複素数**という。a を**実部**,b を**虚部**といい,$b\neq0$ のとき,実数でない複素数 $a+bi$ を**虚数**という。

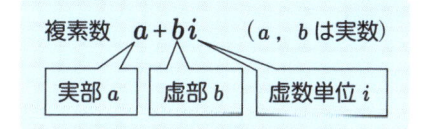

Check!

複素数 $a+bi$ (a, b は実数)

実部 a 　虚部 b 　虚数単位 i

2つの複素数 $\alpha=a+bi$ と $\beta=c+di$ について,「$\alpha=\beta \iff a=c$ かつ $b=d$」が成り立つ。$\alpha=a+bi$ に対し,虚部の b を $-b$ に置き換えた $a-bi$ を**共役な複素数**といい,$\overline{\alpha}$ と表す。

テスト 次の複素数を,虚数単位 i を用いて表しなさい。

(1) i と共役な複素数　　(2) $-a$ の平方根 ($a>0$)

答え (1) $-i$　(2) $\sqrt{a}i$, $-\sqrt{a}i$

● 複素数の加法,減法,乗法

複素数の計算は,"文字 i を含む実数の文字式" と同じように考えて計算する。ただし,i^2 は -1 として計算する。

Check!

複素数の加法,減法,乗法
$(a+bi)+(c+di)=(a+c)+(b+d)i$
$(a+bi)-(c+di)=(a-c)+(b-d)i$
$(a+bi)(c+di)=(ac-bd)+(ad+bc)i$

互いに共役な複素数の和と積は,ともに実数となる。
$(a+bi)+(a-bi)=2a$
$(a+bi)(a-bi)=a^2-b^2i^2=a^2+b^2$

テスト 等式 $(2+3i)(1-i)=a+bi$ を満たす実数 a, b の値を求めなさい。ただし，i は虚数単位を表します。 **答え** $a=5$, $b=1$

● 複素数の除法(分数)

複素数の除法(分母が複素数の分数)は，分母の共役な複素数を分母と分子にかけて，分母を実数にする。ただし，分母が純虚数 bi (実部が0の虚数)のときは，その共役な複素数 $-bi$ よりも，$\dfrac{1}{bi}=\dfrac{i}{bi \cdot i}=-\dfrac{i}{b}$ のように分母と分子に i をかけるとよい。

テスト $\dfrac{5}{2-i}$ を $a+bi$(a, b は実数)の形にしなさい。ただし，i は虚数単位を表します。 **答え** $2+i$

2　2次方程式の複素数の解

実数 a, b, c を係数とする2次方程式 $ax^2+bx+c=0$ ($a \neq 0$) の解は，判別式 $D=b^2-4ac$ の値が負のときは実数解をもちませんが，複素数の範囲まで拡張すれば必ず解をもちます。虚数解でも求められるようにしましょう。

● 2次方程式の解

2次方程式が実数解でなく虚数解をもつときは，その2つの解は互いに共役な複素数となる。

Check!

2次方程式の解の公式と解の分類

・ $ax^2+bx+c=0$ ($a \neq 0$) の解は，　$x=\dfrac{-b \pm \sqrt{b^2-4ac}}{2a}$

・ $ax^2+2b'x+c=0$ ($a \neq 0$) の解は，　$x=\dfrac{-b' \pm \sqrt{b'^2-ac}}{a}$

判別式 $D=b^2-4ac$ について
$\begin{cases} D>0 \text{ のとき，実数解を2つもつ。} \\ D=0 \text{ のとき，実数解を1つもつ(重解)。} \\ D<0 \text{ のとき，虚数解を2つもつ。} \end{cases}$

テスト 2次方程式 $x^2+2x+4=0$ の複素数解を求めなさい。

答え $x=-1 \pm \sqrt{3}\,i$ (i は虚数単位)

● 2次方程式の解と係数の関係

2次方程式 $ax^2+bx+c=0$ ($a \neq 0$, b, c は実数) について, 2つの解 $\alpha = \dfrac{-b+\sqrt{b^2-4ac}}{2a}$, $\beta = \dfrac{-b-\sqrt{b^2-4ac}}{2a}$ の和および積を計算すると,

$$\alpha+\beta = \frac{-b+\sqrt{b^2-4ac}}{2a} + \frac{-b-\sqrt{b^2-4ac}}{2a} = \frac{-2b}{2a} = -\frac{b}{a}$$

$$\alpha\beta = \left(\frac{-b+\sqrt{b^2-4ac}}{2a}\right)\left(\frac{-b-\sqrt{b^2-4ac}}{2a}\right) = \frac{(-b)^2 - (\sqrt{b^2-4ac})^2}{(2a)^2}$$

$(a+b)(a-b)=a^2-b^2$ より

$$= \frac{b^2-(b^2-4ac)}{4a^2} = \frac{4ac}{4a^2} = \frac{c}{a}$$

となり, 和と積は係数を用いて表すことができる。これは, α, β が虚数のときも成り立つので, 問題によっては比較的簡単に計算を行うことができる。

> **テスト** 2次方程式 $3x^2+2x+1=0$ の2つの複素数解を α, β とするとき, $\alpha+\beta$ と $\alpha\beta$ の値を求めなさい。
>
> **答え** $\alpha+\beta = -\dfrac{2}{3}$, $\alpha\beta = \dfrac{1}{3}$

基本問題

1 次の計算をしなさい。ただし, i は虚数単位を表します。

$(3+i)(3-i)$

考え方 公式 $(a+b)(a-b)=a^2-b^2$ を使う。また, i^2 は -1 として計算する。

解き方 $(3+i)(3-i) = 9 - i^2 = 9-(-1) = 9+1 = 10$ **答え** 10

2 次の等式を満たす実数 a, b の値を求めなさい。ただし, i は虚数単位を表します。

$$\left(\frac{-1}{1+\sqrt{2}\,i}\right)^2 = a+bi$$

第1章 いろいろな式

考え方 左辺の分母を，虚数単位 i を含まない形に変形する。

解き方 左辺の分母は，公式 $(x+y)^2=x^2+2xy+y^2$ を利用して，
$$(1+\sqrt{2}\,i)^2=1^2+2\cdot1\cdot\sqrt{2}\,i+(\sqrt{2}\,i)^2$$
$$=-1+2\sqrt{2}\,i \quad \cdots ①$$

左辺の分子は，$(-1)^2=1$ である。これと①より，
$$\left(\frac{-1}{1+\sqrt{2}\,i}\right)^2=\frac{1}{-1+2\sqrt{2}\,i}=\frac{-1-2\sqrt{2}\,i}{(-1+2\sqrt{2}\,i)(-1-2\sqrt{2}\,i)}=\frac{-1-2\sqrt{2}\,i}{1-(2\sqrt{2}\,i)^2}$$
$$=-\frac{1}{9}-\frac{2\sqrt{2}}{9}i$$

よって，$a=-\dfrac{1}{9}$, $b=-\dfrac{2\sqrt{2}}{9}$ である。

答え $a=-\dfrac{1}{9}$, $b=-\dfrac{2\sqrt{2}}{9}$

応用問題

2次 重要 1 $x=\dfrac{\sqrt{3}-i}{\sqrt{3}+i}$, $y=\dfrac{\sqrt{3}+i}{\sqrt{3}-i}$ について，次の計算をしなさい。ただし，i は虚数単位を表します。

(1) $x+y$ (2) x^3+y^3

考え方 (2) 3次式の因数分解の公式 $a^3+b^3=(a+b)(a^2-ab+b^2)$，および(1)の計算結果を用いる。

解き方 (1) $x+y=\dfrac{\sqrt{3}-i}{\sqrt{3}+i}+\dfrac{\sqrt{3}+i}{\sqrt{3}-i}=\dfrac{(\sqrt{3}-i)^2+(\sqrt{3}+i)^2}{(\sqrt{3}+i)(\sqrt{3}-i)}$
$$=\frac{3-2\sqrt{3}\,i-1+3+2\sqrt{3}\,i-1}{3-(-1)}=1$$

答え 1

(2) $xy=\dfrac{(\sqrt{3}-i)(\sqrt{3}+i)}{(\sqrt{3}+i)(\sqrt{3}-i)}=1$ だから，
$$x^3+y^3=(x+y)(x^2-xy+y^2)=(x+y)\{(x+y)^2-3xy\}$$
$$=1\cdot(1^2-3\cdot1)=-2$$

答え -2

2 x^4-4 を係数が複素数の範囲で因数分解しなさい。

考え方 どのような係数の4次式でも，複素数の範囲まで因数分解を行うと，1次式の積の形で表される。

解き方 x^4-4 を複素数の範囲まで因数分解すると，
$$x^4-4=(x^2-2)(x^2+2)=(x^2-2)(x^2-2i^2)$$
$$=(x-\sqrt{2})(x+\sqrt{2})(x-\sqrt{2}\,i)(x+\sqrt{2}\,i)$$

← $(a+b)(a-b)=a^2-b^2$ および $i^2=-1$ を利用する

答え $(x-\sqrt{2})(x+\sqrt{2})(x-\sqrt{2}\,i)(x+\sqrt{2}\,i)$ （i は虚数単位）

第①章 いろいろな式

練習問題

答え：別冊 p6〜p7

1 複素数 $z_1=3-i$, $z_2=1+2i$ の積 z_1z_2 を求めなさい。ただし，i は虚数単位を表します。

2 次の等式を満たす実数 a, b の値を求めなさい。ただし，i は虚数単位を表します。
$$\frac{5}{2+i}-\frac{6}{1+i}=a+bi$$

3 2次方程式 $2x^2-x+3=0$ の2つの複素数解を α, β とするとき，次の値を求めなさい。

(1) $(\alpha+1)(\beta+1)$　　　(2) $\alpha^2+\beta^2$

4 次の2つの条件を同時に満たす複素数 α をすべて求め，$\alpha=a+bi$（a, b は実数）の形で表しなさい。ただし，i は虚数単位を表します。

$$\begin{cases} \alpha\overline{\alpha}=1 \quad (\overline{\alpha} \text{ は } \alpha \text{ と共役な複素数}) \\ (\alpha+\sqrt{2})^2 \text{ は純虚数} \end{cases}$$

1-5 高次方程式

1 剰余の定理・因数定理

ここでは，おもに3次以上の整式について学習し，3次以上の方程式の解き方を学びます。

● 整式の割り算

右のように，x についての3次式 x^3+x+3 を，2次式 x^2-2x-1 で割ると，商は $x+2$，余りは $6x+5$ となる。n 次式で割ったときの余りは，$(n-1)$ 次以下の整式となる。

$$
\begin{array}{r}
x+2 \\
x^2-2x-1 \overline{\smash{\big)}\, x^3 +x+3} \\
\underline{x^3-2x^2-x} \\
2x^2+2x+3 \\
\underline{2x^2-4x-2} \\
6x+5
\end{array}
$$

テスト x^3-5x^2+x-2 を x^2-2x+2 で割った商と余りを求めなさい。　**答え** 商 … $x-3$，余り … $-7x+4$

● 剰余の定理

x についての整式を $P(x)$ や $Q(x)$ などと表すことがあり，$P(x)$ の x に a を代入したときの式の値を $P(a)$ と表す。たとえば，$P(x)=x^3-4x+6$ のとき，$P(2)=2^3-4\cdot2+6=6$ である。

一般に，整式 $P(x)$ を1次式 $x-a$ で割ったときの商を $Q(x)$，余りを定数 R とすると，

$P(x)=(x-a)Q(x)+R$ 　（R は定数）

と表される。ここで，$x=a$ を代入すると，

$P(a)=(a-a)Q(a)+R=0\cdot Q(a)+R=R$

このことから，整式 $P(x)$ を1次式 $x-a$ で割ったときの余りは $P(a)$ であるといえる。これを **剰余の定理** という。また，$P(x)$ を1次式 $ax+b$ で割ったときの余りは，$P\left(-\dfrac{b}{a}\right)$ である。

テスト $P(x)=2x^3-x^2-3x+1$ を $x-2$ で割ったときの余りを求めなさい。　**答え** 7

● 因数定理

剰余の定理より，次の**因数定理**が成り立つ。

整式 $P(x)$ を1次式 $x-a$ で割った余りが0　　← $P(x)=(x-a)Q(x)+0$
$\iff P(x)$ は1次式 $x-a$ で割り切れる
$\iff$ 1次式 $x-a$ は $P(x)$ の因数である

Check!

> 剰余の定理　整式 $P(x)$ を1次式 $x-a$ で割ったときの余りは $P(a)$
> 因数定理　　1次式 $x-a$ が $P(x)$ の因数である $\iff$ $P(a)=0$

3次式や4次式を因数分解するとき，因数定理を利用すると解ける場合がある。定数項の約数などから $x=1$ や $x=-1$，または $x=2$ など見当をつけて代入し，式の値が0になる数および因数を見つける。

テスト　x^3-x^2-4x+4 を因数分解しなさい。　　**答え**　$(x-1)(x-2)(x+2)$

2 高次方程式

整式 $P(x)$ が n 次式のとき，方程式 $P(x)=0$ を x の n 次方程式といい，3次以上の方程式を**高次方程式**といいます。高次方程式を解くには，因数定理を使って因数分解してから，2次方程式の解の公式などを使って解きます。

● 高次方程式の解

上のテストで，x^3-x^2-4x+4 は，$(x-1)(x-2)(x+2)$ と因数分解できるから，3次方程式 $x^3-x^2-4x+4=0$ の解は，$x=1$，±2 となる。

テスト　方程式 $x^3-2x^2-5x+6=0$ を解きなさい。　　**答え**　$x=-2$，1，3

3乗して a になる数を，a の**3乗根**または**立方根**という。

3次方程式 $x^3=1$ を解くと，$x^3-1=0$ より，$(x-1)(x^2+x+1)=0$ となるので，実数解 $x=1$ および2つの虚数解　$x=\dfrac{-1\pm\sqrt{3}\,i}{2}$ が求まる。1の3乗根のうち虚数の1つを ω（オメガ）と表す。

> **テスト** 8の3乗根を求めなさい。　　**答え** $2,\ -1\pm\sqrt{3}i$ （iは虚数単位）

3次方程式 $x^3+ax^2-5x-6=0$ が $x=2$ を解の1つにもつとき，定数 a および残りの解は，次のようにして求めることができる。

$x=2$ は解だから，$2^3+2^2a-5\cdot2-6=0$　　これを解いて，$a=2$

よって，方程式は $x^3+2x^2-5x-6=0$ と決まる。

次に，$x=2$ を解にもつことから，左辺は $x-2$ を因数にもつから，

$x^3+2x^2-5x-6=(x-2)(x^2+4x+3)=(x-2)(x+1)(x+3)$

よって，残りの解は $x=-1,\ -3$ となる。

また，3次方程式の解のうち1つの虚数解が α のとき，もう1つの虚数解は $\overline{\alpha}$ で，残りは実数解となる。

このように，係数の一部がわからない方程式でも，解がわかっていればその係数が求められることがある。

> **テスト** 3次方程式 $x^3-3x^2-8x+30=0$ の1つの虚数解は $x=3+i$（iは虚数単位）です。もう1つの虚数解を答えなさい。　　**答え** $x=3-i$

基本問題

1　$3x^3+5x^2-x+2$ を x^2+2x-5 で割ったときの商と余りを求めなさい。

考え方　筆算で割り算をする。

解き方

$$\begin{array}{r}3x-1\\x^2+2x-5\overline{\smash{\big)}3x^3+5x^2-x+2}\\\underline{3x^3+6x^2-15x}\\-x^2+14x+2\\\underline{-x^2-2x+5}\\16x-3\end{array}$$

答え　商 … $3x-1$，余り … $16x-3$

1次 重要 2 x^3+5x^2+ax-9 が $x-1$ で割り切れるように,定数 a の値を定めなさい。

考え方 因数定理を利用し,$P(1)=0$ として式をつくる。

解き方 $P(x)=x^3+5x^2+ax-9$ として,因数定理から $P(1)=0$ となるように a の値を定める。

$$P(1)=1^3+5\cdot 1^2+a\cdot 1-9=0 \quad \text{よって,} \quad a=3$$

答え 3

応用問題

2次 重要 1 整式 $P(x)$ は 2 次式以上の整式で,$P(x)$ を $x-2$ で割ったときの余りは 4,$x-3$ で割ったときの余りは 6 です。このとき,$P(x)$ を $(x-2)(x-3)$ で割ったときの余りを求めなさい。

ポイント 整式 $P(x)$ を 2 次式で割ったときの余りは 1 次式または定数になる。よって,$(x-2)(x-3)$ で割ったときの余りを $ax+b$ として,$P(x)$ に剰余の定理を利用する。

解き方 $P(x)$ を $(x-2)(x-3)$ で割ったときの商を $Q(x)$,余りを $ax+b$ とすると,
$$P(x)=(x-2)(x-3)Q(x)+ax+b \quad \cdots ①$$
ここで剰余の定理と①から,
$$P(2)=2a+b=4 \quad \cdots ② \qquad P(3)=3a+b=6 \quad \cdots ③$$
②と③を連立して解くと,$a=2$,$b=0$
以上から,余りは $2x$ である。

答え $2x$

2次 2 1 の 3 乗根のうち虚数であるものの 1 つを ω とするとき,次の値を求めなさい。

(1) $\omega^2+\omega+1$ 　　　　　(2) $\omega^{50}+\omega^{49}+\omega^{48}$

> **考え方** 1の3乗根 ω について，$\omega^3=1$ だから $\omega^3-1=0$ と変形して，3次の因数分解の公式を利用して解く。

解き方 (1) $\omega^3=1$ より，$\omega^3-1=0$　$(\omega-1)(\omega^2+\omega+1)=0$

よって，$\omega-1=0$ または $\omega^2+\omega+1=0$ であるが，ω は虚数だから，$\omega-1\neq0$ である。また，$\omega^2+\omega+1=0$ を満たす ω は虚数であり，条件を満たす。　**答え** 0

(2) (1)の結果から，$\omega^2+\omega+1=0$　よって，
$\omega^{50}+\omega^{49}+\omega^{48}=(\omega^2+\omega+1)\omega^{48}=0\cdot\omega^{48}=0$　**答え** 0

練習問題

答え：別冊 P7～P8

1 整式 $2x^3+ax^2+x-10$ が $x+2$ で割り切れるように，定数 a の値を定めなさい。

2 整式 $P(x)$ を $x-1$ で割ったときの余りが 7，$x+3$ で割ったときの余りが 11 のとき，$P(x)$ を $(x-1)(x+3)$ で割ったときの余りを求めなさい。

3 4次方程式 $x^4+3x^2+2=0$ の複素数解を求めなさい。

4 1の3乗根のうち虚数の1つを ω とするとき，$1-\omega-\omega^2-\cdots\cdots-\omega^9$ の値を求めなさい。

5 3次方程式 $x^3-ax^2+bx-3=0$（a，b は実数）の3つの解のうち，1つが $1-\sqrt{2}i$ のとき，a，b の値と残りの2つの解を求めなさい。ただし，i は虚数単位を表します。

第2章

図形と方程式

- 2-1 点と直線 …………………… 40
- 2-2 2次関数 …………………… 44
- 2-3 円と直線 …………………… 51
- 2-4 軌跡 ………………………… 57

2-1 点と直線

1 内分点・外分点と三角形の重心

内分点・**外分点**の座標を使って，三角形の重心の座標を求めることができます。

● 内分点・外分点

数直線上の 2 点 $A(a)$，$B(b)$ に対して，線分 AB を $m:n$ に内分する点 P の座標 x は，$a<b$ のとき，$AP=x-a$，$PB=b-x$ だから，

$AP:PB=m:n$　　$(x-a):(b-x)=m:n$　　$n(x-a)=m(b-x)$

これを x について解くと，$x=\dfrac{na+mb}{m+n}$ を得る。

$a>b$ のときも同じ式が得られる。

座標平面上の 2 点 A，B を結ぶ線分 AB を $m:n$ に内分する点を P，外分する点を Q とするとき，点 P，Q の座標は次の公式で求められる。

Check!

内分点・外分点の座標

2 点 $A(x_1, y_1)$，$B(x_2, y_2)$ について，

線分 AB を $m:n$ に内分する点 P の座標は，

$P\left(\dfrac{nx_1+mx_2}{m+n}, \dfrac{ny_1+my_2}{m+n}\right)$

線分 AB を $m:n$ に外分する点 Q の座標は，

$Q\left(\dfrac{-nx_1+mx_2}{m-n}, \dfrac{-ny_1+my_2}{m-n}\right)$

とくに，線分 AB の中点 M の座標は，

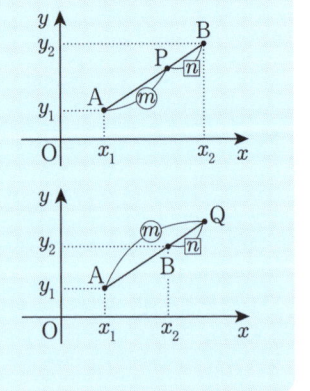

$M\left(\dfrac{x_1+x_2}{2}, \dfrac{y_1+y_2}{2}\right)$

内分点の公式の n を $-n$ に置き換えれば，外分点の公式になる。

テスト 座標平面上に 2 点 $A(0, 2)$，$B(4, -2)$ があります。線分 AB の中点 M の座標を求めなさい。　　**答え** $M(2, 0)$

● 三角形の重心

座標平面上の 3 点 A，B，C を頂点とする △ABC の重心を G，辺 BC の中点を M とすると，重心 G は線分 AM を 2：1 に内分する点だから，その座標を求めることができる。この証明は，P.43 の練習問題 ❷ で扱う。

Check!

三角形の重心
3 点 $A(x_1, y_1)$，$B(x_2, y_2)$，$C(x_3, y_3)$ を頂点とする △ABC の重心 G の座標は，

$$G\left(\frac{x_1+x_2+x_3}{3}, \frac{y_1+y_2+y_3}{3}\right)$$

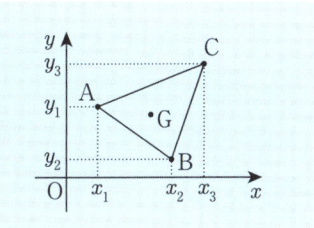

テスト 座標平面上の 3 点 $A(1, 2)$，$B(5, 7)$，$C(0, 0)$ を頂点とする △ABC の重心 G の座標を求めなさい。　**答え** $G(2, 3)$

2 点と直線の距離

座標平面上の点 P から直線 ℓ に引いた垂線と直線 ℓ との交点を H とするとき，線分 PH の長さを点 P と直線 ℓ の距離といいます。

● 点と直線の距離

直線 PH と直線 ℓ は垂直に交わるから，2 直線の傾きの積が -1 になることと，2 点 P，H 間の距離の公式を使って，次の式を得る。

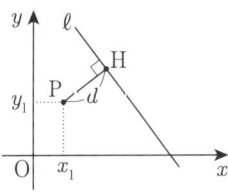

Check!

点と直線の距離
点 (x_1, y_1) と直線 $ax+by+c=0$ の距離 d は，$d = \dfrac{|ax_1+by_1+c|}{\sqrt{a^2+b^2}}$

テスト 座標平面上の原点 $O(0, 0)$ と直線 $-3x+4y+15=0$ の距離を求めなさい。

答え 3

基本問題

1 次の問いに答えなさい。

(1) 座標平面上の 2 点 A(1, 5), B(8, −2) を結ぶ線分 AB を 4 : 3 に内分する点 P の座標を求めなさい。

(2) 座標平面上の 2 点 A(1, −4), B(3, 0) を結ぶ線分 AB を 5 : 3 に外分する点 Q の座標を求めなさい。

(3) 座標平面上の 3 点 A, B, C を頂点とする △ABC の重心を G とします。A(0, 8), B(5, 0), G(2, 4) のとき, 点 C の座標を求めなさい。

ポイント (1)内分点, (2)外分点, (3)重心の座標の公式を用いる。

解き方 (1) 内分点の公式より求める内分点 P は,
$$\left(\frac{3\cdot 1+4\cdot 8}{4+3},\ \frac{3\cdot 5+4\cdot(-2)}{4+3}\right)=\left(\frac{35}{7},\ \frac{7}{7}\right)=(5,\ 1)$$
答え P(5, 1)

(2) 外分点の公式より求める外分点 Q は,
$$\left(\frac{-3\cdot 1+5\cdot 3}{5-3},\ \frac{-3\cdot(-4)+5\cdot 0}{5-3}\right)=\left(\frac{12}{2},\ \frac{12}{2}\right)=(6,\ 6)$$
答え Q(6, 6)

(3) 求める点 C の座標を $(x,\ y)$ とする。三角形の重心は,
$$\left(\frac{0+5+x}{3},\ \frac{8+0+y}{3}\right)=(2,\ 4)$$
で, $5+x=2\cdot 3,\ 8+y=4\cdot 3$ より, $x=1,\ y=4$ だから, 点 C の座標は (1, 4)
答え C(1, 4)

応用問題

1 座標平面上の 3 点 O(0, 0), A(0, −1), B(2, 5) を頂点とする △OAB の面積を求めなさい。

ポイント △OAB について, AB を底辺とすると, 点 O と直線 AB の距離が高さとなる。

解き方 2点A，B間の距離は，

$$AB=\sqrt{(2-0)^2+\{5-(-1)\}^2}=\sqrt{40}=2\sqrt{10}$$

直線ABの式は $y=3x-1$ すなわち，$3x-y-1=0$ だから，原点O$(0, 0)$ と直線ABの距離 d は，$d=\dfrac{|-1|}{\sqrt{3^2+(-1)^2}}=\dfrac{1}{\sqrt{10}}=\dfrac{\sqrt{10}}{10}$

よって面積は，$\dfrac{1}{2}\times AB\times d=\dfrac{1}{2}\times 2\sqrt{10}\times\dfrac{\sqrt{10}}{10}=1$

答え 1

2 2点A$(4, -3)$，B$(-1, 0)$ から等距離にあるような直線 $y=x+2$ 上の点Cの座標を求めなさい。

考え方 直線 $y=x+2$ 上の点Cを $(a, a+2)$ として，AC=BC とする。

解き方 直線 $y=x+2$ 上の点Cを $(a, a+2)$ とすると，AC=BC が成り立つから，2点間の距離の公式より，

$$\sqrt{(a-4)^2+\{a+2-(-3)\}^2}=\sqrt{\{a-(-1)\}^2+(a+2-0)^2}$$

これを解くと，$a=9$ より，求める点Cの座標は $(9, 11)$ である。

答え C$(9, 11)$

練習問題

答え：別冊P9

1 座標平面上の2点A$(6, 3)$，B$(-2, 7)$ を結ぶ線分ABを $5:3$ に内分する点をP，$3:1$ に外分する点をQとするとき，点P，Qの座標を求めなさい。

2 座標平面上の3点A(x_1, y_1)，B(x_2, y_2)，C(x_3, y_3) を頂点とする△ABCの重心Gの座標は，G$\left(\dfrac{x_1+x_2+x_3}{3}, \dfrac{y_1+y_2+y_3}{3}\right)$ であることを証明しなさい。

3 座標平面上の点P$(2, 1)$ と直線 $3x-4y-5=0$ の距離を求めなさい。

2-2 2次関数

① 2次関数のグラフ（放物線）

2つの変数 x, y について，y が x の2次式 $y=ax^2+bx+c$ $(a\neq 0)$ で表されるとき，y は x の **2次関数** であるといいます。右辺を $y=a(x-p)^2+q$ の形に変形（**平方完成**）すると，2次関数のグラフの概形がわかります。

Check!

2次関数 $y=a(x-p)^2+q$ のグラフは，$y=ax^2$ のグラフを x 軸方向に p，y 軸方向に q だけ平行移動した曲線で，次の特徴がある。

- $a>0$ のとき下に凸，$a<0$ のとき上に凸
- 点 (p, q) を頂点とする
- 軸である直線 $x=p$ に関して対称である

2次関数のグラフが表す曲線を **放物線** という。

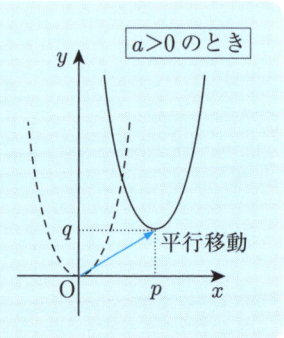

テスト 放物線 $y=2x^2-8x+10$ を $y=a(x-p)^2+q$ の形に変形し，頂点の座標と軸を求めなさい。　**答え** $y=2(x-2)^2+2$，頂点 $(2, 2)$，軸 $x=2$

② 2次関数の最大・最小

関数の最大・最小は，定義域によって変わります。

● 定義域がない場合 … 2次関数 $y=a(x-p)^2+q$ のグラフは，軸 $x=p$ を境に対称だから，2次関数の **最大値・最小値** は次のようになる。

Check!

$a>0$ のとき，$x=p$ で最小値 q をとる。最大値はない。

$a<0$ のとき，$x=p$ で最大値 q をとる。最小値はない。

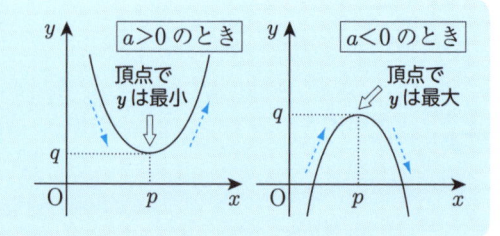

テスト 2次関数 $y=x^2-8x+11$ について，最大値または最小値があればその値を答えなさい。　**答え**　$x=4$ で最小値 -5 をとる。最大値はない。

● 定義域がある場合 … 定義域に制限のある2次関数の最大・最小は，グラフの形から考えると求めやすくなる。

「軸と定義域の位置関係」と「a の符号」がポイントとなる。

放物線 $y=a(x-p)^2+q$（$a>0$）の軸と定義域（$\alpha \leqq x \leqq \beta$）の位置関係と，最大値・最小値の関係は，以下のようになる。

Check!

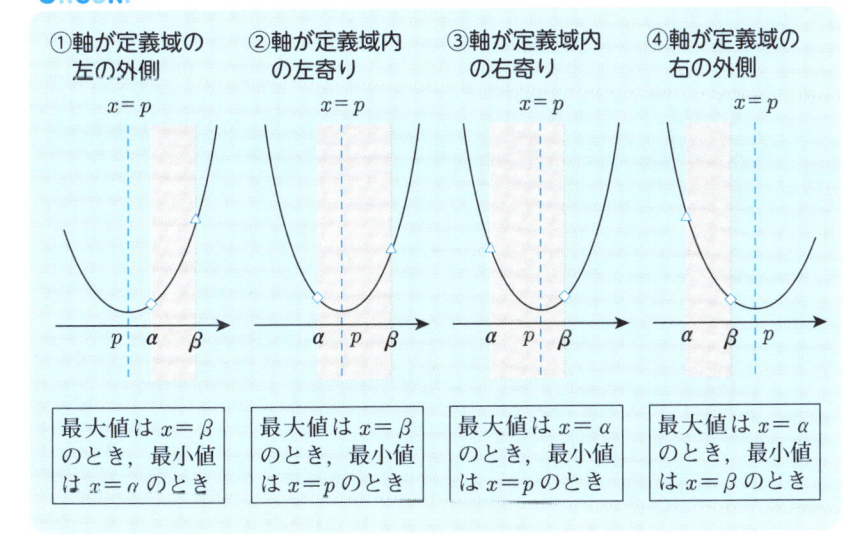

①軸が定義域の左の外側	②軸が定義域内の左寄り	③軸が定義域内の右寄り	④軸が定義域の右の外側
最大値は $x=\beta$ のとき，最小値は $x=\alpha$ のとき	最大値は $x=\beta$ のとき，最小値は $x=p$ のとき	最大値は $x=\alpha$ のとき，最小値は $x=p$ のとき	最大値は $x=\alpha$ のとき，最小値は $x=\beta$ のとき

上の図で，$a<0$ のときは最大値と最小値が逆になる。

テスト 2次関数 $y=(x-1)^2+2$ について，次の定義域における最大値，最小値およびそのときの x の値をそれぞれ求めなさい。

(1) $-1 \leqq x \leqq 0$ 　　　(2) $-1 \leqq x \leqq 4$

答え　(1) $x=-1$ のとき最大値 6，$x=0$ のとき最小値 3
　　　　(2) $x=4$ のとき最大値 11，$x=1$ のとき最小値 2

3 2次不等式

● 2次関数のグラフと x 軸の位置関係

2次関数 $y=ax^2+bx+c$ のグラフと x 軸との共有点の x 座標は，$y=0$ とした2次方程式 $ax^2+bx+c=0$ の実数解であり，次のことが成り立つ。ここで，2次方程式 $ax^2+bx+c=0$ に対して，b^2-4ac を**判別式**といい，記号 D で表す。$b=2b'$ とすると，$\dfrac{D}{4}=b'^2-ac$ である。

Check!

2次関数 $y=ax^2+bx+c$ のグラフと x 軸との位置関係は，2次方程式 $ax^2+bx+c=0$ の判別式を D としたとき，

D の符号		x 軸との位置関係
$D=b^2-4ac>0$	$\iff$	異なる2点で交わる
$D=b^2-4ac=0$	$\iff$	1点で接する
$D=b^2-4ac<0$	$\iff$	共有点をもたない

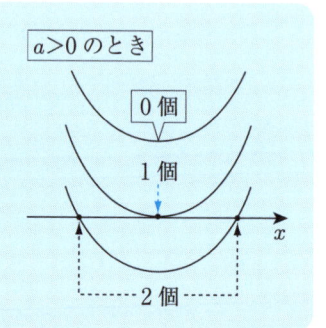

$a>0$ のとき
0個 / 1個 / 2個

テスト 次の2次関数のグラフと x 軸との共有点の個数を求めなさい。

(1) $y=-x^2+2x-1$　　(2) $y=-5x^2-2$　　(3) $y=3x^2-8x+4$

答え (1) 1個　(2) 0個　(3) 2個

● 2次不等式

2次関数 $y=ax^2+bx+c$ のグラフが x 軸と異なる2点で交わるとき，すなわち $D=b^2-4ac>0$ のとき，2次不等式の解は次のように表される。

Check!

$a>0$，$D=b^2-4ac>0$ のとき，$ax^2+bx+c=0$ の異なる2つの実数解を α，β ($\alpha<\beta$) とすると，

・$ax^2+bx+c>0$ の解は $x<\alpha$，$\beta<x$　　・$ax^2+bx+c<0$ の解は $\alpha<x<\beta$

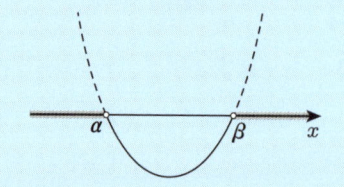

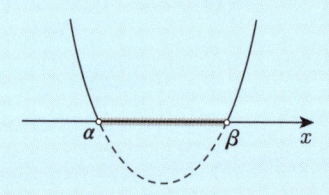

また，$a>0$，$D≦0$ のとき，2次不等式の解は次のようになる。

Check!

・$D=b^2-4ac=0$ のとき（$α$ は重解）

2次不等式	2次不等式の解
$ax^2+bx+c>0$	$x \neq α$
$ax^2+bx+c≧0$	すべての実数
$ax^2+bx+c<0$	実数解はない
$ax^2+bx+c≦0$	$x=α$

・$D=b^2-4ac<0$ のとき

2次不等式	2次不等式の解
$ax^2+bx+c>0$	すべての実数
$ax^2+bx+c≧0$	すべての実数
$ax^2+bx+c<0$	実数解はない
$ax^2+bx+c≦0$	実数解はない

テスト 2次不等式 $2x^2+x-3>0$ を解きなさい。 　**答え** $x<-\dfrac{3}{2}$，$1<x$

基本問題

1 次の問いに答えなさい。

(1) 放物線 $y=-2(x+1)(x-5)$ の頂点の座標を求めなさい。

(2) 2次関数 $y=-x^2+6x-2$ について，y の最大値を求めなさい。

考え方 式を $y=a(x-p)^2+q$ の形に変形（平方完成）する。

解き方 (1) $y=-2(x+1)(x-5)=-2(x^2-4x-5)$
　　　　　　$=-2(x^2-4x)+10=-2(x-2)^2+18$

以上から，頂点の座標は $(2, 18)$ 　**答え** $(2, 18)$

(2) $y=-x^2+6x-2=-(x^2-6x)-2=-(x-3)^2+7$

よって，2次関数のグラフは上に凸だから，$x=3$ のとき最大値 7 をとる。

　　　　　　　　　　　　　　　　　答え $x=3$ のとき最大値 7

2 2次関数 $y=x^2+2kx+k^2-2k+7$（k は定数）のグラフが x 軸と共有点をもつような k の値の範囲を定めなさい。

考え方 $y=0$ として，2次方程式の判別式が 0 以上となる式をつくる。

47

解き方 2次方程式 $x^2+2kx+k^2-2k+7=0$ の判別式を D とする。与えられた関数のグラフが x 軸と共有点をもつための条件は，
$$\frac{D}{4}=k^2-1\cdot(k^2-2k+7)=2k-7\geqq 0 \text{ より，} k\geqq\frac{7}{2}$$

答え $k\geqq\dfrac{7}{2}$

1次 重要 3 2次関数 $y=-2x^2+2(4-k)x-k^2+k$ （k は定数）のグラフが x 軸と共有点をもたないように，k の値の範囲を定めなさい。

考え方 $y=0$ として，2次方程式の判別式が負となる式をつくる。

解き方 2次方程式 $-2x^2+2(4-k)x-k^2+k=0$ の判別式を D とする。与えられた関数のグラフが x 軸と共有点をもたないための条件は，
$$\frac{D}{4}=(4-k)^2-(-2)\cdot(-k^2+k)=-k^2-6k+16=-(k+8)(k-2)<0$$
$(k+8)(k-2)>0$ より，$k<-8, 2<k$

答え $k<-8, 2<k$

応用問題

2次 ① $a>0$ とします。2次関数 $y=-x^2+6x-10$ $(0\leqq x\leqq a)$ について，次の問いに答えなさい。

(1) この2次関数の最大値と，そのときの x の値をそれぞれ求めなさい。

(2) この2次関数の最小値と，そのときの x の値をそれぞれ求めなさい。

ポイント 式を平方完成してグラフの概形をかく。上に凸であることを考え，「軸と定義域の位置関係」で場合分けをする。

解き方 与えられた2次関数は $y=-(x-3)^2-1$ $(0\leqq x\leqq a)$ と変形できる。グラフは上に凸で，頂点が $(3, -1)$，軸が $x=3$ の放物線である。

(1) ［i］ 軸 $x=3$ が定義域の右の外側にあるとき，すなわち $0<a<3$ のとき，$x=a$ で最大値 $-a^2+6a-10$ をとる。

［ii］ 軸 $x=3$ が定義域内にあるとき，すなわち $a\geqq 3$ のとき，$x=3$ で最大値 -1 をとる。

(2) ［i］ 軸 $x=3$ が定義域の右の外側または定義域内の右寄りにあるとき，すなわち $0<a<6$ のとき，$x=0$ で最小値 -10 をとる。

［ii］ 軸が定義域内の真ん中にあるとき，すなわち $a=6$ のとき，$x=0$，6 で最小値 -10 をとる。

［iii］ 軸が定義域内の左寄りにあるとき，すなわち $a>6$ のとき，$x=a$ で最小値 $-a^2+6a-10$ をとる。

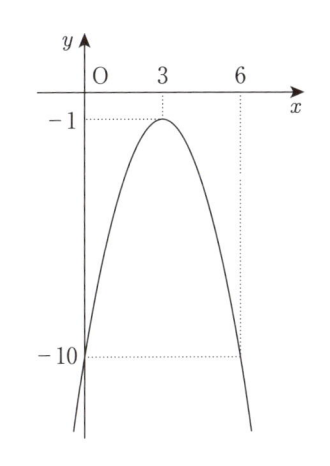

答え

(1) $\begin{cases} 0<a<3 \text{ のとき,} \\ \quad x=a \text{ で最大値 } -a^2+6a-10 \\ a\geqq 3 \text{ のとき,} \\ \quad x=3 \text{ で最大値 } -1 \end{cases}$

(2) $\begin{cases} 0<a<6 \text{ のとき,} \\ \quad x=0 \text{ で最小値 } -10 \\ a=6 \text{ のとき,} \\ \quad x=0, 6 \text{ で最小値 } -10 \\ a>6 \text{ のとき,} \\ \quad x=a \text{ で最小値 } -a^2+6a-10 \end{cases}$

2次 **2** 2次関数 $y=x^2-2kx+3k-2$ (k は定数) のグラフが，x 軸の正の部分と異なる2点で交わるように，k の値の範囲を定めなさい。

考え方 まず，下に凸の放物線が x 軸と異なる2点で交わるための条件を考える。次に，その2点の x 座標が正となる条件を考える。

解き方 2次関数 $y=x^2-2kx+3k-2$ のグラフは下に凸の放物線だから，x 軸の正の部分と異なる2点で交わるための必要十分条件は次のとおりである。

（i） グラフが x 軸と異なる2点で交わる条件は，$y=0$ としたときの2次方程式の判別式を D として，
$$\frac{D}{4}=k^2-1\cdot(3k-2)=k^2-3k+2=(k-1)(k-2)>0$$
より，$k<1$，$2<k$ ……①

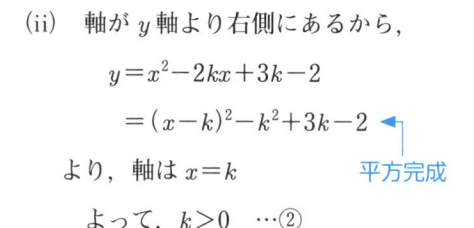

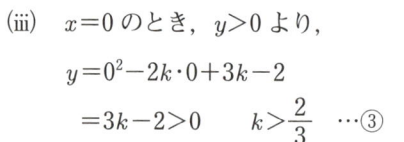

(ii) 軸が y 軸より右側にあるから，
$$y=x^2-2kx+3k-2$$
$$=(x-k)^2-k^2+3k-2 \quad \text{平方完成}$$
より，軸は $x=k$
よって，$k>0$ …②

(iii) $x=0$ のとき，$y>0$ より，
$$y=0^2-2k\cdot 0+3k-2$$
$$=3k-2>0 \quad k>\frac{2}{3} \quad \text{…③}$$

①〜③の共通部分より，$\frac{2}{3}<k<1$，$2<k$

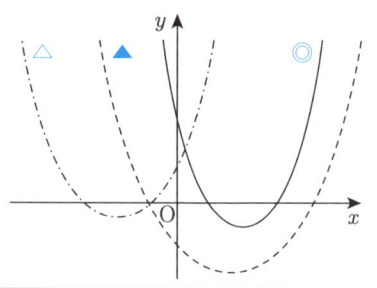

(i)〜(iii)すべて満たすのは◎の放物線
(i)と(ii)だけでは▲，(i)と(iii)だけでは△の場合もありうる

答え $\frac{2}{3}<k<1$，$2<k$

練習問題

答え：別冊 p9〜p11

1 放物線 $y=-2x^2+4kx-2k^2+k+1$（k は定数）が x 軸と共有点をもつように，k の値の範囲を定めなさい。

2 放物線 $y=x^2-6kx-7k+2$ について，次の問いに答えなさい。
(1) x 軸と共有点をもたないように定数 k の値の範囲を定めなさい。
(2) (1)で求めた定数 k の値の範囲を数直線上に図示しなさい。

3 a を定数とします。2次関数 $y=x^2-2ax$（$0\leqq x\leqq 4$）の最小値と，そのときの x の値を求めなさい。

4 2次関数 $y=x^2-4kx+5k-1$（k は定数）のグラフが，x 軸上の 1 より大きい部分と異なる 2 点で交わるように，k の値の範囲を定めなさい。

5 28cm の針金を折り曲げて，縦よりも横のほうが長い長方形をつくります。面積が 33cm² 以上になるように，横の長さの範囲を定めなさい。

2-3 円と直線

1 円の方程式

円を方程式で表す考え方は，次の軌跡の考え方と同じで，つながりをもちます。

● 円の方程式（標準形）

中心を $C(a, b)$，半径を r とする円の方程式は，円周上の点を $P(x, y)$ とすると，点 P と C の距離が r で一定であることから，2 点間の距離の公式より，$\sqrt{(x-a)^2+(y-b)^2}=r$ と表される。この両辺を 2 乗すると，次の式を得る。

Check!

円の方程式
点 $C(a, b)$ を中心とする半径 r の円の方程式は，
$$(x-a)^2+(y-b)^2=r^2$$
とくに，原点 O を中心とする半径 r の円の方程式は，$x^2+y^2=r^2$

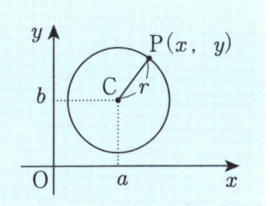

テスト 中心を $C(2, 1)$，半径を 6 とする円の方程式を答えなさい。

答え $(x-2)^2+(y-1)^2=36$

● 円の方程式（一般形）

円の方程式 $(x-a)^2+(y-b)^2=r^2$ を展開して整理すると，定数 ℓ，m，n を用いて，$x^2+y^2+\ell x+my+n=0$ の形で表される。

Check!

円の方程式（標準形）	円の方程式（一般形）
$(x-a)^2+(y-b)^2=r^2$	$x^2+y^2+\ell x+my+n=0$

テスト $(x+1)^2+(y-1)^2=4$ を一般形で表しなさい。

答え $x^2+y^2+2x-2y-2=0$

円の方程式は，<u>標準形</u>または<u>一般形</u>を状況に応じて使い分ける。

径が与えられている場合　→　標準形に代入

中心が $(1, -2)$ で半径 7 の円の方程式は，中心の座標と半径を $(x-a)^2+(y-b)^2=r^2$ に代入して，$(x-1)^2+(y+2)^2=49$ となる。

の座標が与えられている場合　→　一般形に代入

たとえば，3点 $(5, 4)$, $(-1, 2)$, $(3, 0)$ を通る円の方程式を求めるには，それぞれの点を一般形 $x^2+y^2+\ell x+my+n=0$ に代入して，

$$\begin{cases} 25+16+5\ell+4m+n=41+5\ell+4m+n=0 \\ 1+4-\ell+2m+n=5-\ell+2m+n=0 \\ 9+0+3\ell+0\cdot m+n=9+3\ell+n=0 \end{cases} \quad (※)$$

この3元1次連立方程式を解いて，ℓ, m, n の値を求める。

テスト　上の(※)を解いて円の方程式を求めなさい。

答え　$x^2+y^2-4x-6y+3=0$　$((x-2)^2+(y-3)^2=10)$

2 円と直線の共有点

円の方程式 $(x-a)^2+(y-b)^2=r^2$ に直線の方程式 $y=mx+k$ を代入し，y を消去すると x の2次方程式が得られます。この方程式について考えます。

● 円と直線の共有点

円の方程式に直線の方程式を代入して得られた2次方程式の判別式を D とすると，次のことがいえる。

Check!

円と直線の共有点の個数

D の符号	$D>0$	$D=0$	$D<0$
円と直線の位置関係	異なる2点で交わる	接する	共有点なし
共有点の個数	2個	1個	0個

たとえば，円 $x^2+y^2=1$ …① と直線 $y=x+k$ …② が異なる2点で交わるような定数 k の値の範囲は，次のように求められる。

②を①に代入して整理して，

$2x^2+2kx+k^2-1=0$ …③

③の判別式を D として，$D>0$ となる k の値の範囲を求めると，

$\dfrac{D}{4}=k^2-2(k^2-1)=-k^2+2>0$

よって，$-\sqrt{2}<k<\sqrt{2}$ となる。

また，円と直線が共有点をもつとき，次のことがいえる。

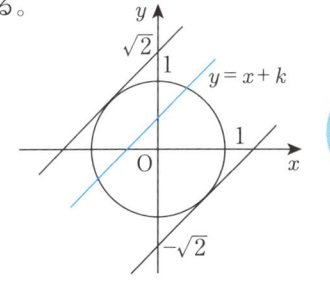

Check!

> 円と直線の共有点の座標は，円の方程式と直線の方程式を連立方程式としたときの解 (x, y) である。

テスト 円 $x^2+y^2=5$ と直線 $y=2x$ の共有点の座標を求めなさい。

答え $(1, 2)$，$(-1, -2)$

3 円の接線

円の方程式に直線の方程式を代入して得られる2次方程式の判別式を D として，$D=0$ となるとき，この直線は円の接線になります。円の接線の方程式を求める問題では，この性質を使っても，次のように求めることもできます。

●円の接線の方程式

円 $x^2+y^2=r^2$ 上の点 $P(x_1, y_1)$ における接線は，点 P が座標軸上にないとき，OP の傾きは $\dfrac{y_1}{x_1}$ だから，接線の傾きは $-\dfrac{x_1}{y_1}$ である。

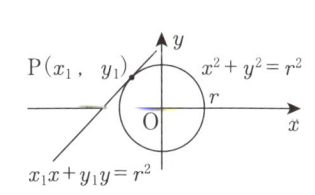

よって，接線の方程式は，

$y-y_1=-\dfrac{x_1}{y_1}(x-x_1)$ $y_1y-y_1{}^2=-x_1x+x_1{}^2$

$x_1x+y_1y=\underline{x_1{}^2+y_1{}^2}$ $x_1x+y_1y=\underline{r^2}$ ◀P は円周上の点だから，$x_1{}^2+y_1{}^2=r^2$

にあるとき，接線の方程式は，$x=r$ または $x=-r$
にあるとき，接線の方程式は，$y=r$ または $y=-r$
方程式 $x_1x+y_1y=r^2$ は点Pが座標軸上にあるときにも成り立つ。

Check!

円の接線の方程式
円 $x^2+y^2=r^2$ 上の点 $P(x_1, y_1)$ における接線の方程式は，$x_1x+y_1y=r^2$

テスト 円 $x^2+y^2=17$ 上の点 $(1, 4)$ における接線の方程式を求めなさい。

答え $x+4y=17$

基本問題

1 座標平面上の点 $(3, -4)$ を中心とした半径7の円の方程式を求めなさい。

考え方 標準形 $(x-a)^2+(y-b)^2=r^2$ の式を利用する。

解き方 $(x-a)^2+(y-b)^2=r^2$ に $a=3$，$b=-4$，$r=7$ を代入すると，
$(x-3)^2+\{y-(-4)\}^2=7^2$ よって，$(x-3)^2+(y+4)^2=49$

答え $(x-3)^2+(y+4)^2=49$

2 円 $x^2+y^2-6x+2y+2=0$ の半径を求めなさい。

考え方 標準形 $(x-a)^2+(y-b)^2=r^2$ の形に変形して r を求める。

解き方 (左辺)$=(x^2-6x)+(y^2+2y)+2=(x-3)^2+(y+1)^2-10+2$
よって，$(x-3)^2+(y+1)^2=(2\sqrt{2})^2$

答え $2\sqrt{2}$

3 座標平面上の点 $(2, 0)$ を中心とし，直線 $2x+y+1=0$ に接する円の方程式を求めなさい。

ポイント 円の中心と直線の距離 d が半径 r となる。

解き方 円の中心 $(2, 0)$ と直線 $2x+y+1=0$ の距離 d は，

$$d=\frac{|2\cdot 2+0\cdot 1+1|}{\sqrt{2^2+1^2}}=\frac{5}{\sqrt{5}}=\sqrt{5}$$

$d=r$ だから，$(x-2)^2+y^2=5$

答え $(x-2)^2+y^2=5$

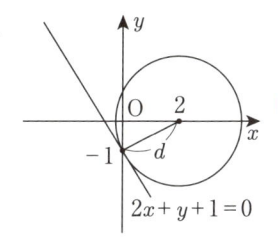

応用問題

2次 **1** 次の式が円を表すように，定数 k の値の範囲を定めなさい。

$$x^2+y^2+2x-2ky+4k=0$$

考え方 一般形 $x^2+y^2+\ell x+my+n=0$ を標準形で表したときの右辺が 0 より大きくなるように，定数 k の値の範囲を定める。

解き方 $x^2+y^2+2x-2ky+4k=(x+1)^2+(y-k)^2-1-k^2+4k=0$

定数項を右辺へ移項すると，

$$(x+1)^2+(y-k)^2=k^2-4k+1$$

円の方程式（標準形）
$(x-a)^2+(y-b)^2=r^2$ より，$r^2>0$

ここで，この方程式が円の方程式を表す条件は，$k^2-4k+1>0$

これを解いて，$k<2-\sqrt{3}$，$2+\sqrt{3}<k$

答え $k<2-\sqrt{3}$，$2+\sqrt{3}<k$

2次 **2** 円 $x^2+y^2=16$ と直線 $y=\frac{1}{2}x+2$ の 2 つの交点を，x 座標の小さいほうから順に P，Q とします。これについて，次の問いに答えなさい。

(1) 点 P，Q の座標をそれぞれ求めなさい。

(2) 点 P，Q のそれぞれにおける円の接線の交点 R の座標を求めなさい。

考え方
(1) 交点の座標は円と直線の方程式を連立させて解く。

(2) 円 $x^2+y^2=r^2$ 上の点 (x_1, y_1) の接線の方程式は，$x_1x+y_1y=r^2$ であることを利用する。

解き方 (1) 交点の座標は，円 $x^2+y^2=16$ …①と直線 $y=\frac{1}{2}x+2$ …②の連立方程式の解である。②を①に代入して y を消去すると，

$$x^2+\left(\frac{1}{2}x+2\right)^2=\frac{5}{4}x^2+2x+4=16$$

整理して，$5x^2+8x-48=(x+4)(5x-12)=0$

たすきがけ
$$\begin{array}{ccc} 1 & \diagdown & 4 \to 20 \\ 5 & \diagup & -12 \to -12 \\ \hline & & 8 \end{array}$$

②より，$x=-4$ のとき $y=0$，$x=\frac{12}{5}$ のとき $y=\frac{16}{5}$

よって，P$(-4, 0)$，Q$\left(\frac{12}{5}, \frac{16}{5}\right)$ **答え** P$(-4, 0)$，Q$\left(\frac{12}{5}, \frac{16}{5}\right)$

(2) 点 P$(-4, 0)$ における円の接線の方程式は，$x=-4$ …③

点 Q$\left(\frac{12}{5}, \frac{16}{5}\right)$ における円の接線の方程式は，

$$\frac{12}{5}x+\frac{16}{5}y=16 \qquad 3x+4y=20 \quad \text{…④}$$

③を④に代入して，$-12+4y=20 \qquad y=8$

よって，R$(-4, 8)$ **答え** R$(-4, 8)$

練習問題

答え：別冊P11〜P12

1 〔1次・重要〕 座標平面上の点 $(3, 1)$ を中心とし，点 $(6, -3)$ を通る円の方程式を求めなさい。

2 〔1次・重要〕 座標平面上の2点 A$(3, 6)$，B$(9, -2)$ を直径の両端とする円の方程式を求めなさい。

3 〔2次〕 点 $(6, 2)$ から円 $x^2+y^2=8$ へ引いた接線の方程式を求めなさい。

4 〔2次〕 点 $(5, 10)$ から円 $x^2+y^2=25$ へ引いた2つの接線の接点をA，Bとするとき，△ABO の面積を求めなさい。

2-4 軌跡

1 軌跡と領域

方程式や不等式を満たす点全体の集合について学びます。

● 軌跡

座標平面上で，与えられた条件を満たす点全体が表す図形を，その条件を満たす点の**軌跡**という。

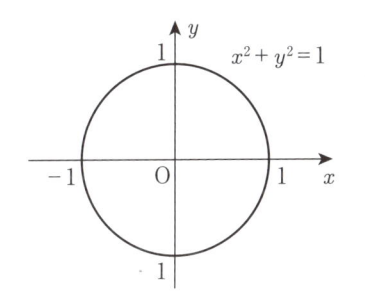

右の図は，原点 O から一定の距離 1 にある点全体が表す図形で，原点 O を中心とした半径 1 の円である。

与えられた条件を満たす点 P の軌跡を求めるには，次のことを示す。

Check!

(I) 点 P の座標を (x, y) として，与えられた条件を x，y の関係式で表し，その図形を求める。
(II) (I)で求めた図形上の任意の点 P が，与えられた条件を満たすことを示す。

テスト 座標平面上の 2 点 A$(2, 0)$，B$(4, 0)$ から等距離にある点 P の軌跡を求めなさい。　　**答え** 直線 $x=3$

● 領域

不等式 $y>x$ を満たす点 (x, y) 全体の集合は，右の図の直線 $y=x$ の上側になる。

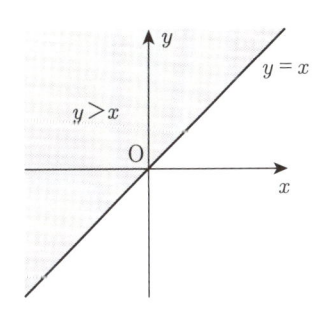

一般に，座標平面上で不等式を満たす点 (x, y) 全体の表す図形を，その**不等式の表す領域**という。

とくに，境界が直線で表されるときは，次のようになる。

Check!

直線と領域
・不等式 $y>mx+n$ を満たす領域は，
　　直線 $y=mx+n$ の上側
・不等式 $y<mx+n$ を満たす領域は，
　　直線 $y=mx+n$ の下側
$y\geqq mx+n$ や $y\leqq mx+n$ など等式を含むときは，境界の直線も領域に含む。

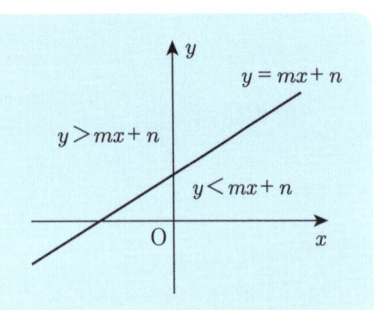

基本問題

1 座標平面上の2点 A$(-3, 0)$，B$(2, 0)$ に対して，PA：PB＝2：3 を満たす点Pの軌跡を求めなさい。

考え方 P(x, y) としてPA，PBを x, y を用いて表し，PA：PB＝2：3の式から x, y の関係式を求める。

解き方 点P(x, y) とすると，
PA＝$\sqrt{(x+3)^2+y^2}$, PB＝$\sqrt{(x-2)^2+y^2}$
PA：PB＝2：3 より，3PA＝2PB だから，
$3\sqrt{(x+3)^2+y^2}=2\sqrt{(x-2)^2+y^2}$
両辺を2乗して， 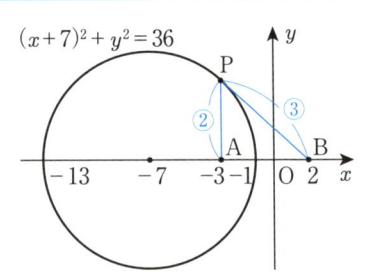
$9\{(x+3)^2+y^2\}=4\{(x-2)^2+y^2\}$ ← 左辺にまとめる
$5x^2+70x+5y^2+65=0$ ← 両辺を5で割る
$x^2+14x+y^2+13=0$ ← x について平方完成する
$(x+7)^2-49+y^2+13=0$ ← 円の方程式の形にする
$(x+7)^2+y^2=6^2$

したがって，点Pの軌跡は点$(-7, 0)$を中心とした半径6の円である。

答え 点$(-7, 0)$を中心とした半径6の円

応用問題

2次 重要 1 座標平面上に，$x^2+y^2=4$ で表される円と点 A$(6, 2)$ があります。点 P がこの円周上を動くとき，線分 AP の中点 M の軌跡を求めなさい。

ポイント M(X, Y) として，X, Y をそれぞれ x, y を用いて表す。

解き方 点 M(X, Y) とすると，点 M は点 A$(6, 2)$, P(x, y) の中点だから，

$$X=\frac{6+x}{2}, \quad Y=\frac{2+y}{2}$$

したがって，

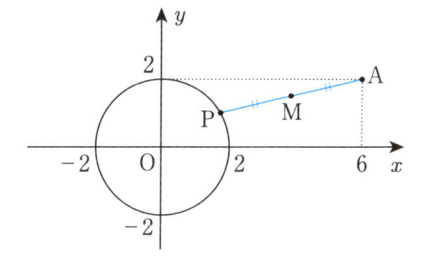

$$x=2X-6, \quad y=2Y-2$$

点 P(x, y) は円 $x^2+y^2=4$ 上の点だから，これらを代入すると，

$$(2X-6)^2+(2Y-2)^2=4$$
$$(X-3)^2+(Y-1)^2=1$$

両辺を $2^2(=4)$ で割る

したがって，求める軌跡は，中心 $(3, 1)$, 半径 1 の円である。

答え 中心 $(3, 1)$, 半径 1 の円

2次 2 $x-2y \leqq 0$, $2x-y \geqq 0$, $x \geqq 0$ で定められる領域内を，半径 1 の円が動きます。この円の中心が原点にもっとも近づいたときの，円の中心の座標を求めなさい。

考え方 円の中心の座標を (X, Y) として，もっとも原点に近づいたときに円が境界の直線と接することから，連立方程式をつくる。

解き方 円の中心の座標 (X, Y) とおく。円が原点にもっとも近づいたとき，円は領域の境界の2直線 $x-2y=0$, $2x-y=0$ と接する。円の半径は1なので，点と直線の距離の式から，

$$1=\frac{|X-2Y|}{\sqrt{1^2+(-2)^2}}, \quad 1=\frac{|2X-Y|}{\sqrt{2^2+(-1)^2}}$$

点 (X, Y) は $x-2y≦0$, $2x-y≧0$ の領域内にあるから, $X-2Y≦0$, $2X-Y≧0$ より,

$$1=\frac{-(X-2Y)}{\sqrt{5}}, \quad 1=\frac{2X-Y}{\sqrt{5}}$$

整理すると,

$X-2Y=-\sqrt{5}$ …①

$2X-Y=\sqrt{5}$ …②

②×2−①より, $3X=3\sqrt{5}$ $X=\sqrt{5}$

②に代入して, $Y=\sqrt{5}$

点 $(\sqrt{5}, \sqrt{5})$ は $x≧0$ の領域内にある。したがって, 求める円の中心の座標は, $(\sqrt{5}, \sqrt{5})$ である。

答え $(\sqrt{5}, \sqrt{5})$

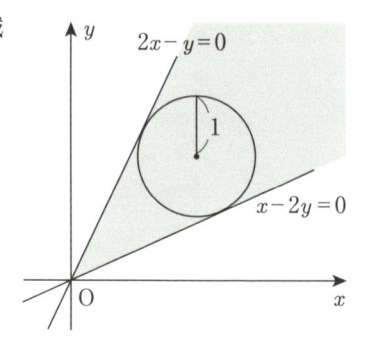

練習問題

答え：別冊P12〜P13

1 座標平面上の2点 A(1, 0), B(0, 2) から等距離にある点Pの軌跡を求めなさい。

2 座標平面上に, 放物線 $y=x^2$ と点 A(−2, 4) があります。点Pが放物線上を動くとき, 線分APの中点Mの軌跡を求めなさい。

3 $y≦-\frac{3}{4}x$, $y≧-\frac{12}{5}x$, $x≧0$ で定められる領域内を半径2の円が動きます。この円の中心がもっとも原点に近づいたとき, 円の中心の座標を求めなさい。

第3章

三角関数

- 3-1 三角比 ……………………… 62
- 3-2 正弦定理と余弦定理 …………… 67
- 3-3 三角関数の加法定理 …………… 75

3-1 三角比

1 三角比の定義と相互関係

直角三角形を使って三角比の定義を確認し，相互関係を理解しましょう。

● 鋭角の三角比

Check!

―― 三角比の定義 ――
$$\sin \theta = \frac{a}{b}$$
$$\cos \theta = \frac{c}{b}$$
$$\tan \theta = \frac{a}{c}$$

⇒

―― 相互関係 ――
$$\tan \theta = \frac{\sin \theta}{\cos \theta}$$
$$\sin^2 \theta + \cos^2 \theta = 1$$
$$1 + \tan^2 \theta = \frac{1}{\cos^2 \theta}$$

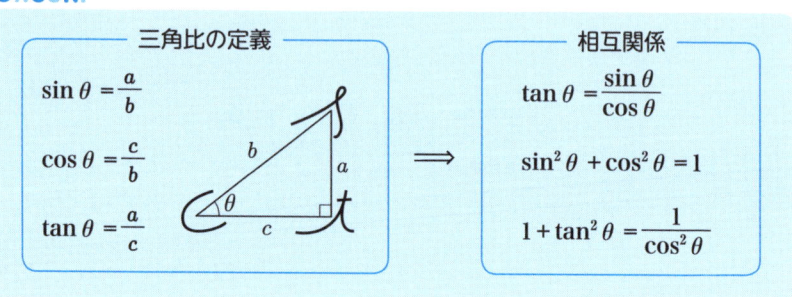

テスト $\sin \theta = \dfrac{3}{5}$, $\cos \theta = \dfrac{4}{5}$ のとき，$\tan \theta$ の値を求めなさい。

答え $\dfrac{3}{4}$

30°，45°，60°の三角比の値は，右の図から次のようになる。

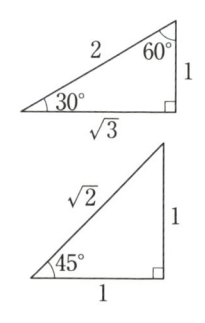

Check!

$$\sin 30° = \frac{1}{2} \qquad \sin 45° = \frac{1}{\sqrt{2}} \qquad \sin 60° = \frac{\sqrt{3}}{2}$$
$$\cos 30° = \frac{\sqrt{3}}{2} \qquad \cos 45° = \frac{1}{\sqrt{2}} \qquad \cos 60° = \frac{1}{2}$$
$$\tan 30° = \frac{1}{\sqrt{3}} \qquad \tan 45° = 1 \qquad \tan 60° = \sqrt{3}$$

テスト 次の□にあてはまる鋭角を求めなさい。

「sin30°と等しい値となるのは，cos□である。」

答え 60°

2 三角比の拡張

直角三角形でない場合でも，三角比の値を考えられるよう拡張します。

● 鈍角の三角比

単位円を使って考える。単位円周上の第1象限の点 $P(x, y)$ について，$\angle POH = \theta$ とすると，
$$\sin\theta = y, \quad \cos\theta = x, \quad \tan\theta = \frac{y}{x} \cdots (*)$$
となる。θ が鋭角でない（点 P が第1象限でない）場合にも（*）で求められる。

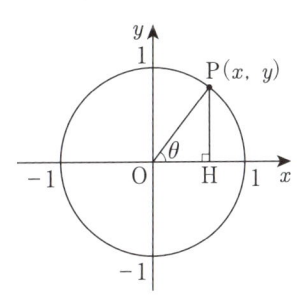

テスト $\sin 90°$ の値を答えなさい。　　　**答え** 1

基本問題

1 θ を鋭角として，次の問いに答えなさい。

(1) $\sin\theta = \dfrac{1}{3}$ のとき，$\cos\theta$，$\tan\theta$ の値を求めなさい。

(2) $\tan\theta = 2$ のとき，$\sin\theta$，$\cos\theta$ の値を求めなさい。

ポイント

θ が鋭角の場合は，$\sin\theta$，$\cos\theta$，$\tan\theta$ のいずれも正である。

(1) $\sin\theta$（または $\cos\theta$）の値がわかっているときは，
$\sin^2\theta + \cos^2\theta = 1$ に代入して $\cos\theta$（または $\sin\theta$）の値を求める。

(2) $\tan\theta$ の値がわかっているときは，$1 + \tan^2\theta = \dfrac{1}{\cos^2\theta}$ に代入して $\cos\theta$ の値を求める。

解き方 (1) $\sin\theta = \dfrac{1}{3}$ より，$\cos^2\theta = 1 - \left(\dfrac{1}{3}\right)^2 = \dfrac{8}{9}$

$\cos\theta > 0$ より，$\cos\theta = \dfrac{2\sqrt{2}}{3}$　　　$\tan\theta = \dfrac{\sin\theta}{\cos\theta} = \dfrac{\frac{1}{3}}{\frac{2\sqrt{2}}{3}} = \dfrac{1}{2\sqrt{2}} = \dfrac{\sqrt{2}}{4}$

答え $\cos\theta = \dfrac{2\sqrt{2}}{3}$，$\tan\theta = \dfrac{\sqrt{2}}{4}$

(2) $\tan\theta = 2$ より, $1+2^2 = \dfrac{1}{\cos^2\theta}$　　$\cos^2\theta = \dfrac{1}{5}$

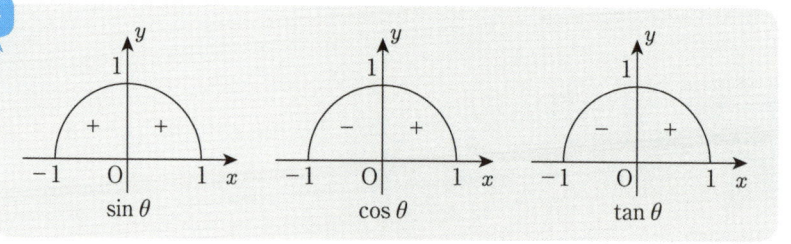

$\cos\theta > 0$ より, $\cos\theta = \dfrac{1}{\sqrt{5}} = \dfrac{\sqrt{5}}{5}$

$\tan\theta = \dfrac{\sin\theta}{\cos\theta}$ より, $\sin\theta = \tan\theta\cos\theta = 2\cdot\dfrac{\sqrt{5}}{5} = \dfrac{2\sqrt{5}}{5}$

答え $\sin\theta = \dfrac{2\sqrt{5}}{5}$, $\cos\theta = \dfrac{\sqrt{5}}{5}$

1次 重要 2 次の問いに答えなさい。

(1) $\sin\theta = \dfrac{3}{4}$ ($90° < \theta < 180°$) のとき, $\cos\theta$, $\tan\theta$ の値を求めなさい。

(2) $\tan\theta = -2$ ($0° < \theta < 180°$) のとき, $\sin\theta$, $\cos\theta$ の値を求めなさい。

ポイント

（図：$\sin\theta$ は上半円で全体が $+$／$\cos\theta$ は左半分が $-$，右半分が $+$／$\tan\theta$ は左半分が $-$，右半分が $+$）

解き方 (1) $\sin\theta = \dfrac{3}{4}$ より, $\cos^2\theta = 1 - \left(\dfrac{3}{4}\right)^2 = \dfrac{7}{16}$

$90° < \theta < 180°$ より, $\cos\theta < 0$　よって, $\cos\theta = -\dfrac{\sqrt{7}}{4}$

$\tan\theta = \dfrac{\sin\theta}{\cos\theta} = \dfrac{\dfrac{3}{4}}{-\dfrac{\sqrt{7}}{4}} = -\dfrac{3}{\sqrt{7}} = -\dfrac{3\sqrt{7}}{7}$

答え $\cos\theta = -\dfrac{\sqrt{7}}{4}$, $\tan\theta = -\dfrac{3\sqrt{7}}{7}$

(2) $\tan\theta = -2$ より, $1 + (-2)^2 = \dfrac{1}{\cos^2\theta}$　　$\cos^2\theta = \dfrac{1}{5}$

$0° < \theta < 180°$ かつ $\tan\theta < 0$ より, $\cos\theta < 0$　よって, $\cos\theta = -\dfrac{1}{\sqrt{5}} = -\dfrac{\sqrt{5}}{5}$

$\sin\theta = \tan\theta\cos\theta = -2\cdot\left(-\dfrac{\sqrt{5}}{5}\right) = \dfrac{2\sqrt{5}}{5}$

答え $\sin\theta = \dfrac{2\sqrt{5}}{5}$, $\cos\theta = -\dfrac{\sqrt{5}}{5}$

応用問題

1 次の等式が成り立つことを証明しなさい。

$$\frac{1-\cos\theta}{\sin\theta}+\frac{\sin\theta}{1-\cos\theta}=\frac{2}{\sin\theta}$$

考え方 左辺を通分し，相互関係の式を利用する。

解き方
$$(左辺)=\frac{(1-\cos\theta)^2+\sin^2\theta}{\sin\theta(1-\cos\theta)}=\frac{1-2\cos\theta+\cos^2\theta+\sin^2\theta}{\sin\theta(1-\cos\theta)}$$

$$=\frac{1-2\cos\theta+1}{\sin\theta(1-\cos\theta)}=\frac{2(1-\cos\theta)}{\sin\theta(1-\cos\theta)}=\frac{2}{\sin\theta}=(右辺)$$

よって，$\dfrac{1-\cos\theta}{\sin\theta}+\dfrac{\sin\theta}{1-\cos\theta}=\dfrac{2}{\sin\theta}$ が成り立つ。

2 次の計算をしなさい。

(1) $\tan 35°\cdot\tan 45°\cdot\tan 55°$

(2) $\sin 110°+\cos 160°+\tan 40°+\tan 140°$

考え方 値が直接求められないときは，$90°-\theta$ や $180°-\theta$ を考える。
$\sin(90°-\theta)=\cos\theta$, $\cos(90°-\theta)=\sin\theta$, $\tan(90°-\theta)=\dfrac{1}{\tan\theta}$
$\sin(180°-\theta)=\sin\theta$, $\cos(180°-\theta)=-\cos\theta$, $\tan(180°-\theta)=-\tan\theta$

解き方 (1) $\tan 55°=\tan(90°-35°)=\dfrac{1}{\tan 35°}$ より，

$\tan 35°\cdot\tan 45°\cdot\tan 55°=\tan 35°\cdot 1\cdot\dfrac{1}{\tan 35°}=1$ **答え** 1

(2) $\sin 110°=\sin(180°-70°)=\sin 70°=\sin(90°-20°)=\cos 20°$

$\cos 160°=\cos(180°-20°)=-\cos 20°$

$\tan 140°=\tan(180°-40°)=-\tan 40°$ より，

$\sin 110°+\cos 160°+\tan 40°+\tan 140°=\cos 20°-\cos 20°+\tan 40°-\tan 40°$

$=0$ **答え** 0

第3章 三角関数

練習問題

答え：別冊P13〜P14

① [1次・重要] $90° < \theta < 180°$ として，次の問いに答えなさい。

(1) $\sin\theta = \dfrac{2}{5}$ のとき，$\tan\theta$ の値を求めなさい。

(2) $\tan\theta = -\sqrt{2}$ のとき，$\cos\theta$ の値を求めなさい。

(3) $\cos\theta = -\dfrac{2}{3}$ のとき，$\tan\theta$ の値を求めなさい。

② [1次・重要] $0° \leqq \theta < 180°$ のとき，次の式を満たす θ を求めなさい。

(1) $\sin\theta = \dfrac{\sqrt{3}}{2}$　　(2) $2\cos\theta + 1 = 0$　　(3) $\tan^2\theta = 3$

③ [2次・重要] 次の等式が成り立つことを証明しなさい。ただし，$0° < \theta < 90°$ とします。

(1) $\dfrac{\cos\theta}{1+\sin\theta} + \dfrac{\cos\theta}{1-\sin\theta} = \dfrac{2}{\cos\theta}$

(2) $\dfrac{1}{1+\tan^2\theta} + \cos^2(90°-\theta) = 1$

(3) $\tan 50° \cdot \tan 70° \cdot \tan 140° \cdot \tan 160° = 1$

④ [2次] 右の図は，底面が直角三角形である三角柱 ABC−DEF で，$\angle$FDE$=18°$ です。辺 AD と CF 上に，AC//PQ，$\angle$FPQ$=30°$ を満たすような点 P，Q をそれぞれとります。
線分 PF 上に，PR$=60$m となる点 R をとるとき，点 R は面 ADEB から何 m 高い位置にありますか。答えは小数第1位を四捨五入して整数で求めなさい。ただし，$\sqrt{3}=1.732$，$\sin 18°=0.3090$，$\cos 18°=0.9511$，$\tan 18°=0.3249$ とします。

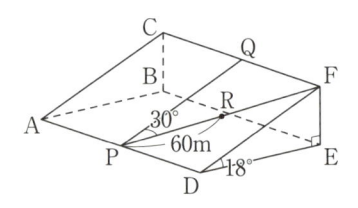

3-2 正弦定理と余弦定理

1 正弦定理と余弦定理の利用

三角形の3辺および3つの角のうち,少なくとも1辺を含む3つが与えられていれば,<u>正弦定理</u>と<u>余弦定理</u>を使い分けることによって,残りのすべての辺や角を求めることができます。

Check!

―― 正弦定理 ――
$$\frac{a}{\sin A} = \frac{b}{\sin B} = \frac{c}{\sin C} = 2R$$
R は $\triangle ABC$ の外接円の半径

―― 余弦定理 ――
$$a^2 = b^2 + c^2 - 2bc\cos A$$
$$b^2 = c^2 + a^2 - 2ca\cos B$$
$$c^2 = a^2 + b^2 - 2ab\cos C$$

● 正弦定理

1辺とその対角が与えられているとき,外接円の半径を求めることができ,さらに他の辺(または角)が与えられていれば,その対角(または対辺)を求めることができる。

・$\triangle ABC$ で $\angle A = 45°$,$BC = 6$ のとき,外接円の半径 R は,

$$\frac{6}{\sin 45°} = 2R$$

$$R = \frac{6}{2\sin 45°} = \frac{6}{2 \cdot \frac{1}{\sqrt{2}}} = 3\sqrt{2}$$

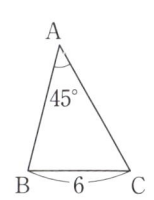

・$\triangle ABC$ で $\angle A = 30°$,$\angle B = 45°$,$BC = 4$ のときの AC の長さは,

$$\frac{4}{\sin 30°} = \frac{AC}{\sin 45°}$$

$$AC = \frac{4\sin 45°}{\sin 30°} = \frac{4 \cdot \frac{1}{\sqrt{2}}}{\frac{1}{2}} = 4\sqrt{2}$$

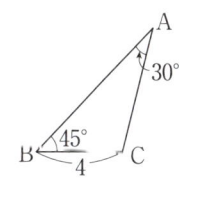

● 余弦定理

2辺と1つの角が与えられているとき，残りの辺を求めることができ，また3辺の長さが与えられているとき，角の大きさを求めることができる。

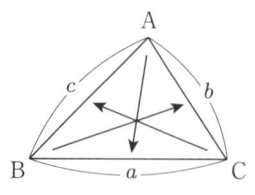

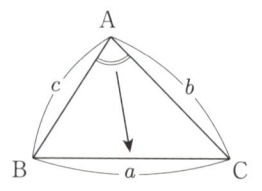

・△ABC で ∠A=60°，AB=2，AC=3 のときの BC の長さは，

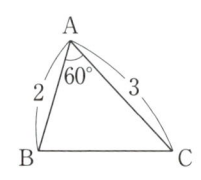

$BC^2 = 2^2 + 3^2 - 2 \cdot 2 \cdot 3 \cdot \cos 60° = 4 + 9 - 6 = 7$

BC>0 より，BC=$\sqrt{7}$

・△ABC で AB=7，BC=3，CA=5 のとき，∠C の大きさは，

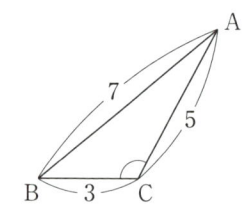

$c^2 = a^2 + b^2 - 2ab \cos C$ を変形して，

$\cos C = \dfrac{a^2 + b^2 - c^2}{2ab}$

$= \dfrac{3^2 + 5^2 - 7^2}{2 \cdot 3 \cdot 5} = \dfrac{-15}{30} = -\dfrac{1}{2}$

∠C=120°

・△ABC で AB=$\sqrt{6}$，AC=2，∠B=45° のとき，残りの辺の長さと角の大きさは，余弦定理より，

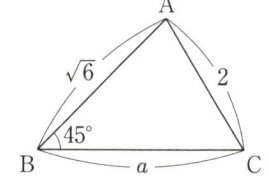

$2^2 = (\sqrt{6})^2 + a^2 - 2 \cdot \sqrt{6} \cdot a \cdot \cos 45°$

$a^2 - 2\sqrt{3}a + 2 = 0$

$a = \sqrt{3} \pm 1$

∠C を求めるには，正弦定理より，

$\dfrac{2}{\sin 45°} = \dfrac{\sqrt{6}}{\sin C}$ $\sin C = \dfrac{\sqrt{6} \sin 45°}{2} = \dfrac{\sqrt{3}}{2}$ ∠C=60°，120°（適する）

∠C=60° のとき ∠A=75°，∠C=120° のとき ∠A=15° だから，

$a = \sqrt{3}+1$，∠A=75°，∠C=60° または，

$a = \sqrt{3}-1$，∠A=15°，∠C=120°

2 三角形の面積

三角形の面積は，正弦の値を利用すると求められることがあります。

- 2辺とその間の角を使った面積の求め方

$$S = \frac{1}{2}ab\sin C = \frac{1}{2}bc\sin A = \frac{1}{2}ca\sin B$$

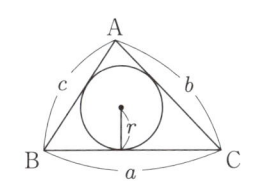

a, b, c をそれぞれ底辺の長さとする三角形の高さは，$b\sin C$, $c\sin A$, $a\sin B$ と表されるので，この公式が成り立つ。

- 3辺と内接円の半径 r を使った面積の求め方

$$S = \frac{(a+b+c)r}{2}$$

三角形の面積 S は，a, b, c をそれぞれ底辺の長さとし，高さを r とする3つの三角形の面積の和として表されるので，この公式が成り立つ。

ほかにも，外接円の半径 R を利用して求める方法もある（P.72の 3 参照）。

基本問題

1 △ABC について，次の問いに答えなさい。

(1) ∠A＝75°，∠B＝60°，AB＝2 のとき，外接円の半径 R を求めなさい。

(2) ∠A＝60°，∠B＝45°，BC＝4 のとき，辺 CA の長さを求めなさい。

考え方
(1) 2つの角がわかっているので，残りの角を求め，正弦定理を使って外接円の半径を求める。

(2) 向かい合う辺と角がわかっているので，正弦定理を使う。

解き方 (1) ∠C＝180°−(75°＋60°)＝45°

正弦定理より，$\dfrac{2}{\sin 45°} = 2R$

$R = \dfrac{2}{2\sin 45°} = \sqrt{2}$

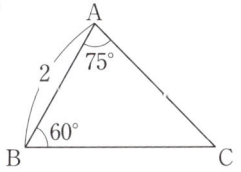

答え $\sqrt{2}$

(2) ∠A，∠B とその対辺の関係から，

$$\frac{4}{\sin 60°} = \frac{CA}{\sin 45°}$$

$$CA = \frac{4\sin 45°}{\sin 60°} = \frac{4 \cdot \frac{1}{\sqrt{2}}}{\frac{\sqrt{3}}{2}}$$

$$= \frac{4\sqrt{2}}{\sqrt{3}} = \frac{4\sqrt{6}}{3}$$

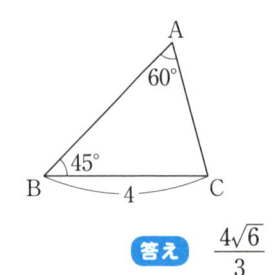

答え $\dfrac{4\sqrt{6}}{3}$

1次 重要 2 △ABC について，次の問いに答えなさい。

(1) AB=4，CA=5，∠A=60° のとき，辺 BC の長さを求めなさい。

(2) BC=3，CA=$4\sqrt{2}$，AB=$\sqrt{17}$ のとき，∠C の大きさを求めなさい。

ポイント 2辺とその間の角がわかっている，もしくは3辺がわかっているときは，余弦定理を利用する。

解き方 (1) 余弦定理を用いて，

$$BC^2 = 4^2 + 5^2 - 2 \cdot 4 \cdot 5 \cdot \cos 60°$$

$$= 16 + 25 - 20 = 21$$

BC>0 より，BC=$\sqrt{21}$　　**答え** $\sqrt{21}$

(2) 余弦定理を用いて，

$$\cos C = \frac{3^2 + (4\sqrt{2})^2 - (\sqrt{17})^2}{2 \cdot 3 \cdot 4\sqrt{2}} = \frac{9+32-17}{24\sqrt{2}} = \frac{1}{\sqrt{2}}$$

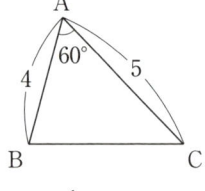

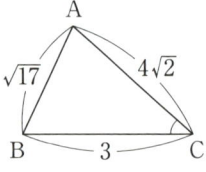

$0° < ∠C < 180°$ より，∠C=45°　　**答え** 45°

1次 重要 3 次の図形の面積を求めなさい。

(1) AB=5，BC=6，∠B=30° の △ABC の面積 S_1

(2) AB=5，AD=2，∠A=150° の平行四辺形 ABCD の面積 S_2

考え方
(1) 2辺とその間の角を使う三角形の面積の公式を利用する。
(2) 平行四辺形の面積は，2つの合同な三角形の面積の和となる。

解き方 (1) $S_1 = \dfrac{1}{2} \cdot 5 \cdot 6 \cdot \sin 30° = \dfrac{15}{2}$

答え $\dfrac{15}{2}$

(2) $S_2 = 2 \cdot \left(\dfrac{1}{2} \cdot 5 \cdot 2 \cdot \sin 150°\right) = 5$

答え 5

応用問題

2次 重要 1 △ABC について，AB=3，AC=5，∠A=120° のとき，∠A の二等分線と辺 BC の交点を D として，次の問いに答えなさい。

(1) 線分 AD の長さを求めなさい。
(2) 線分 BD の長さを求めなさい。

考え方
(1) AD の長さを x として，△ABC の面積は △ABD と △ACD の面積の和であることを利用する。
(2) 余弦定理を利用する。

解き方 (1) AD=x とすると，△ABC=△ABD+△ACD より，

$\dfrac{1}{2} \cdot 3 \cdot 5 \cdot \sin 120° = \dfrac{1}{2} \cdot 3 \cdot x \cdot \sin 60° + \dfrac{1}{2} \cdot 5 \cdot x \cdot \sin 60°$

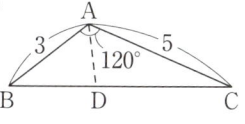

$\dfrac{1}{2} \cdot 3 \cdot 5 \cdot \dfrac{\sqrt{3}}{2} = \dfrac{1}{2} \cdot 3 \cdot x \cdot \dfrac{\sqrt{3}}{2} + \dfrac{1}{2} \cdot 5 \cdot x \cdot \dfrac{\sqrt{3}}{2}$

$15 = 8x \qquad x = \dfrac{15}{8}$

答え $\dfrac{15}{8}$

(2) (1)の結果を用いて，△ABD について余弦定理を用いると，

$BD^2 = 3^2 + \left(\dfrac{15}{8}\right)^2 - 2 \cdot 3 \cdot \dfrac{15}{8} \cdot \cos 60° = 9 + \dfrac{225}{64} - \dfrac{45}{8} = \dfrac{441}{64}$

BD>0 より，BD=$\dfrac{21}{8}$

答え $\dfrac{21}{8}$

2次 重要 2 △ABC について，BC$=a$，CA$=b$，AB$=c$ とします。次の等式が成り立つとき，△ABC はどのような三角形ですか。

$$a\cos A = b\cos B$$

考え方 余弦定理を用いて，$\cos A$，$\cos B$ を a，b，c で表す。

解き方 余弦定理より，

$$\cos A = \frac{b^2+c^2-a^2}{2bc}, \quad \cos B = \frac{c^2+a^2-b^2}{2ca}$$

だから，

$$a \cdot \frac{b^2+c^2-a^2}{2bc} = b \cdot \frac{c^2+a^2-b^2}{2ca}$$

$$a^2(b^2+c^2-a^2) = b^2(c^2+a^2-b^2)$$

$$b^4-a^4-c^2(b^2-a^2) = 0 \qquad (b^2-a^2)(b^2+a^2-c^2) = 0$$

よって，$b^2=a^2$ または $a^2+b^2=c^2$

$a>0$，$b>0$ より，$a=b$ の二等辺三角形 または ∠C$=90°$ の直角三角形

答え $a=b$ の二等辺三角形 または ∠C$=90°$ の直角三角形

2次 3 3辺の長さが a，b，c である △ABC の外接円の半径を R とするとき，△ABC の面積 S は $S=\dfrac{abc}{4R}$ で表されることを証明しなさい。

考え方 外接円の半径を使った正弦定理を利用して，面積を表す式の角の正弦の値を R で表す。

解き方 △ABC の∠A，∠B，∠C の対辺の長さを a，b，c とすると，面積 S は

$$S = \frac{1}{2}ab\sin C \quad \cdots ① \quad \leftarrow S=\frac{1}{2}bc\sin A \text{ または } S=\frac{1}{2}ca\sin B \text{ としてもよい}$$

と表される。ここで正弦定理 $\dfrac{c}{\sin C}=2R$ より，$\sin C = \dfrac{c}{2R}$ となるから，①に代入すると，$S = \dfrac{1}{2}ab \cdot \dfrac{c}{2R} = \dfrac{abc}{4R}$ となる。

4

右の図のように，1辺の長さが1の立方体 ABCD−EFGH を3点 A，C，F を通る平面で切って，頂点 B を含むほうの立体を取り除きます。線分 AC の中点を M とし，M と頂点 D および F を線分で結び，∠DMF＝θ とするとき，$\cos\theta$ の値を求めなさい。

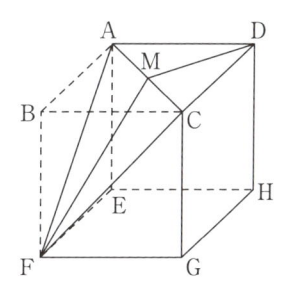

考え方 △DMF の3辺の長さを求めたあと，余弦定理を用いて $\cos\theta$ の値を求める。

解き方 △DMF の3辺の長さを求める。

$$DM = \frac{1}{\sqrt{2}}AD = \frac{1}{\sqrt{2}} = \frac{\sqrt{2}}{2}$$

$$DF = \sqrt{1^2+1^2+1^2} = \sqrt{3}$$

$$MF = \sqrt{1^2+\left(\frac{1}{\sqrt{2}}\right)^2} = \sqrt{\frac{3}{2}} = \frac{\sqrt{6}}{2}$$

△DMF について，余弦定理より，

$$\cos\theta = \frac{\left(\frac{\sqrt{2}}{2}\right)^2 + \left(\frac{\sqrt{6}}{2}\right)^2 - (\sqrt{3})^2}{2 \cdot \frac{\sqrt{2}}{2} \cdot \frac{\sqrt{6}}{2}} = -\frac{1}{\sqrt{3}} = -\frac{\sqrt{3}}{3}$$

答え $-\frac{\sqrt{3}}{3}$

練習問題

答え：別冊 P14〜P16

1

△ABC について，次の問いに答えなさい。

(1) ∠A＝15°，∠B＝120°，AB＝3 のとき，外接円の半径 R を求めなさい。

(2) ∠C＝30°，AC＝4，BC＝7 のとき，△ABC の面積 S を求めなさい。

(3) ∠A＝60°，∠C＝45°，BC＝2 のとき，AB の長さを求めなさい。

2 右の図の平行四辺形 ABCD について，AB＝$2\sqrt{2}$cm，BC＝3cm，∠B＝135° のとき，次の問いに答えなさい。

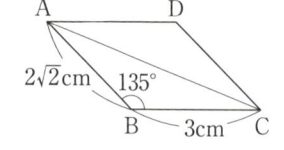

(1) 対角線 AC の長さを求めなさい。

(2) 平行四辺形 ABCD の面積を求めなさい。

3 次の等式を満たす △ABC はどのような三角形ですか。理由をつけて答えなさい。ただし，BC＝a，CA＝b，AB＝c とします。

(1) $b = a\cos C - c\cos A$

(2) $(\sin A + \sin B + \sin C)(a+b-c) = 2a\sin B$

4 AB＝5，BC＝7，CA＝8 である △ABC について，次の問いに答えなさい。

(1) 外接円の半径 R を求めなさい。　(2) 内接円の半径 r を求めなさい。

5 右の図のように，AB＝8，AD＝6，AE＝5 の直方体 ABCD－EFGH を 3 点 A，C，F を通る平面で切って，頂点 B を含むほうの立体を取り除きます。線分 AC の中点を M とし，M と頂点 D および F を線分で結び，∠DMF＝θ とするとき，角 θ を求めなさい。

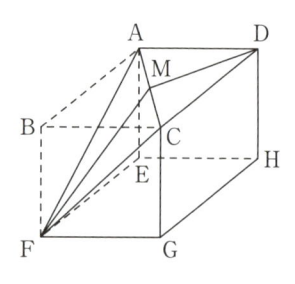

6 AB＝3，BC＝5，∠B＝60° の △ABC について，∠B の二等分線と辺 CA との交点を D とするとき，次の問いに答えなさい。

(1) BD の長さを求めなさい。　(2) AD の長さを求めなさい。

3-3 三角関数の加法定理

1 一般角と三角関数

三角比の範囲では，角 θ の大きさを $0° \leqq \theta \leqq 180°$ に限定していましたが，これを拡張して考えることができます。

● 一般角

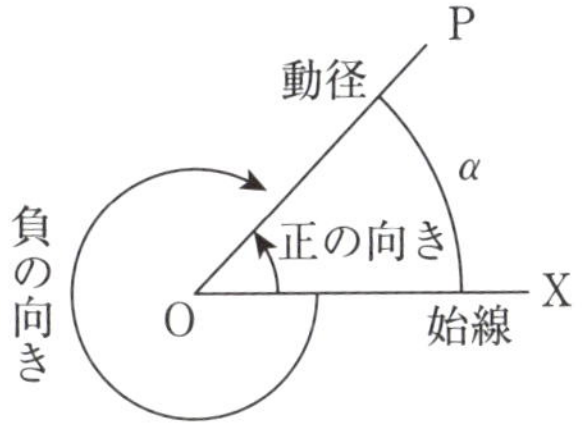

　始線 OX と動径 OP のなす角の 1 つを α とすると，OP の表す一般角 θ は，
$$\theta = \alpha + 360° \times n \, (n \text{ は整数})$$
と表される。

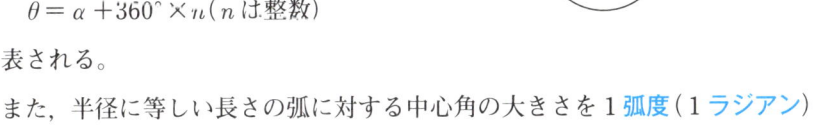

　また，半径に等しい長さの弧に対する中心角の大きさを 1 弧度 (1 ラジアン) といい，これを単位とする角の大きさの表し方を弧度法という。

● 度数法と弧度法の変換……180° は π (ラジアン)

$$60° \longrightarrow \frac{60}{180}\pi = \frac{\pi}{3} \text{(ラジアン)} \qquad \frac{3}{4}\pi \text{(ラジアン)} \longrightarrow \frac{3}{4} \times 180° = 135°$$

● $\sin\theta$，$\cos\theta$，$\tan\theta$ の符号

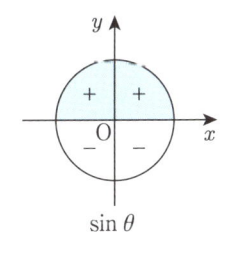

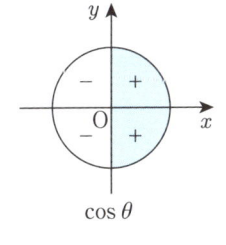

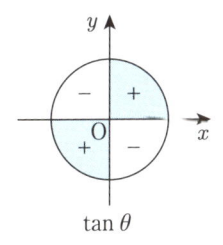

● 方程式の一般解

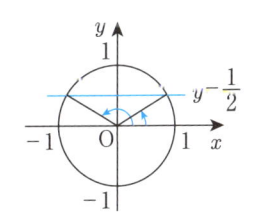

　$\sin\theta = \dfrac{1}{2}$ の一般解は，
$$\theta = \frac{\pi}{6} + 2n\pi, \ \frac{5}{6}\pi + 2n\pi \, (n \text{ は整数})$$

テスト 方程式 $\sin\theta = -\dfrac{\sqrt{3}}{2}\,(0 \leqq \theta < 2\pi)$ を解きなさい。 **答え** $\dfrac{4}{3}\pi, \ \dfrac{5}{3}\pi$

2 加法定理と2倍角の公式

角度が変化するときの三角関数を考えるとき，次の**加法定理**を使います。

● 加法定理

Check!

加法定理
$\sin(\alpha \pm \beta) = \sin\alpha\cos\beta \pm \cos\alpha\sin\beta$
$\cos(\alpha \pm \beta) = \cos\alpha\cos\beta \mp \sin\alpha\sin\beta$ （複号同順）

・$\sin 15° = \sin(45°-30°) = \sin 45°\cos 30° - \cos 45°\sin 30°$
$= \dfrac{1}{\sqrt{2}} \cdot \dfrac{\sqrt{3}}{2} - \dfrac{1}{\sqrt{2}} \cdot \dfrac{1}{2} = \dfrac{\sqrt{3}-1}{2\sqrt{2}} = \dfrac{\sqrt{6}-\sqrt{2}}{4}$

・$\cos 15° = \cos(45°-30°) = \cos 45°\cos 30° + \sin 45°\sin 30°$
$= \dfrac{1}{\sqrt{2}} \cdot \dfrac{\sqrt{3}}{2} + \dfrac{1}{\sqrt{2}} \cdot \dfrac{1}{2} = \dfrac{\sqrt{3}+1}{2\sqrt{2}} = \dfrac{\sqrt{6}+\sqrt{2}}{4}$

テスト $\cos 75° = \cos 45°\cos\beta - \sin 45°\sin\beta$ を満たす β を求めなさい。 **答え** $30°$

● 2倍角の公式

加法定理から，次の**2倍角の公式**を導くことができる。

$\sin 2\theta = \sin(\theta+\theta) = \sin\theta\cos\theta + \cos\theta\sin\theta = 2\sin\theta\cos\theta$
$\cos 2\theta = \cos(\theta+\theta) = \cos\theta\cos\theta - \sin\theta\sin\theta$
$= \cos^2\theta - \sin^2\theta = \cos^2\theta - (1-\cos^2\theta)$
$= 2\cos^2\theta - 1 = (1-\sin^2\theta) - \sin^2\theta = 1 - 2\sin^2\theta$

$\cos 2\theta$ については3通りの表し方があるので，必要に応じて使い分ける。

Check!

2倍角の公式
$\sin 2\theta = 2\sin\theta\cos\theta$
$\cos 2\theta = \cos^2\theta - \sin^2\theta = 2\cos^2\theta - 1 = 1 - 2\sin^2\theta$

テスト $\sin\theta = \dfrac{3}{5}$，$\cos\theta = \dfrac{4}{5}$ のとき，$\sin 2\theta$ を求めなさい。 **答え** $\dfrac{24}{25}$

3 三角関数の合成

角 θ について表された式 $a\sin\theta + b\cos\theta$ を，$r>0$ として角 $\theta + \alpha$ についての式 $r\sin(\theta + \alpha)$ に書き直すことができます。この式変形を**三角関数の合成**といいます。この式変形の仕方をしっかり覚えましょう。

● 三角関数の合成

$r\sin(\theta + \alpha) = r\sin\theta\cos\alpha + r\cos\theta\sin\alpha$ と変形して，$a\sin\theta + b\cos\theta$ と比較すると，

$$\begin{cases} a = r\cos\alpha \\ b = r\sin\alpha \end{cases}$$

となるから，$a^2 + b^2 = r^2(\cos^2\alpha + \sin^2\alpha) = r^2$　よって，$r = \sqrt{a^2 + b^2}$ で，

$$\cos\alpha = \frac{a}{r} = \frac{a}{\sqrt{a^2+b^2}}, \quad \sin\alpha = \frac{b}{r} = \frac{b}{\sqrt{a^2+b^2}}$$

と表される。実際にこの変形をするときは，次の手順で行う。

● 合成の手順

$a\sin\theta + b\cos\theta$

　　↓　$\sqrt{a^2+b^2}$ の値を求め，その値でくくる

$\sqrt{a^2+b^2}\left(\sin\theta \times \dfrac{a}{\sqrt{a^2+b^2}} + \cos\theta \times \dfrac{b}{\sqrt{a^2+b^2}}\right)$

　　↓　$\cos\alpha = \dfrac{a}{\sqrt{a^2+b^2}}$，$\sin\alpha = \dfrac{b}{\sqrt{a^2+b^2}}$ を満たす α を求める

$\sqrt{a^2+b^2}\sin(\theta + \alpha)$

・ $\sin\theta - \sqrt{3}\cos\theta = 2\left(\sin\theta \times \dfrac{1}{2} - \cos\theta \times \dfrac{\sqrt{3}}{2}\right)$　　$\boxed{\sqrt{1^2 + (-\sqrt{3})^2} = 2}$

　　　　　　　　$= 2\left(\sin\theta\cos\dfrac{\pi}{3} - \cos\theta\sin\dfrac{\pi}{3}\right)$

　　　　　　　　$= 2\sin\left(\theta - \dfrac{\pi}{3}\right)$

テスト　$\sin\theta + \cos\theta = r\sin\left(\theta + \dfrac{\pi}{4}\right)$ を満たす r の値を求めなさい。　**答え** $\sqrt{2}$

基本問題

1 次の値を求めなさい。

(1) $\sin 75°$
(2) $\cos 165°$

考え方 $75°=45°+30°$, $165°=120°+45°$ のように和の形にして，加法定理を利用する。

解き方 (1) $\sin 75°=\sin(45°+30°)=\sin 45°\cos 30°+\cos 45°\sin 30°$

$$=\frac{1}{\sqrt{2}}\cdot\frac{\sqrt{3}}{2}+\frac{1}{\sqrt{2}}\cdot\frac{1}{2}=\frac{\sqrt{3}+1}{2\sqrt{2}}=\frac{\sqrt{6}+\sqrt{2}}{4}$$

答え $\dfrac{\sqrt{6}+\sqrt{2}}{4}$

(2) $\cos 165°=\cos(120°+45°)=\cos 120°\cos 45°-\sin 120°\sin 45°$

$$=\left(-\frac{1}{2}\right)\cdot\frac{1}{\sqrt{2}}-\frac{\sqrt{3}}{2}\cdot\frac{1}{\sqrt{2}}=\frac{-1-\sqrt{3}}{2\sqrt{2}}=-\frac{\sqrt{2}+\sqrt{6}}{4}$$

答え $-\dfrac{\sqrt{6}+\sqrt{2}}{4}$

2 $\cos\theta=\dfrac{2}{5}$ のとき，$\sin 2\theta$ の値を求めなさい。ただし，$0°\leqq\theta\leqq 180°$ とします。

考え方 2倍角の公式を利用する。$\sin 2\theta$ を求めるために，$\sin\theta$ を求める。

解き方 2倍角の公式

$$\sin 2\theta=2\sin\theta\cos\theta\ \cdots\cdots①$$

を利用する。①に代入するために，まず $\sin\theta$ を求める。

$$\sin^2\theta=1-\left(\frac{2}{5}\right)^2=\frac{21}{25}$$

$0°\leqq\theta\leqq 180°$ より，$\sin\theta\geqq 0$ だから，$\sin\theta=\dfrac{\sqrt{21}}{5}$

①より，$\sin 2\theta=2\cdot\dfrac{\sqrt{21}}{5}\cdot\dfrac{2}{5}=\dfrac{4\sqrt{21}}{25}$

答え $\dfrac{4\sqrt{21}}{25}$

1次 重要 3 次の式を $r\sin(\theta+\alpha)$ の形に変形しなさい。ただし，$r>0$，$0<\alpha\leqq 2\pi$ とします。

(1) $\sin\theta+\cos\theta$

(2) $\sin\theta-\sqrt{3}\cos\theta$

考え方 $a\sin\theta+b\cos\theta$ について，$r=\sqrt{a^2+b^2}$ を計算する。r でくくり，加法定理の形にする。

解き方 (1) $\sin\theta+\cos\theta=\sqrt{2}\left(\sin\theta\times\dfrac{1}{\sqrt{2}}+\cos\theta\times\dfrac{1}{\sqrt{2}}\right)$

$\qquad\qquad\qquad\qquad=\sqrt{2}\left(\sin\theta\cos\dfrac{\pi}{4}+\cos\theta\sin\dfrac{\pi}{4}\right)$

$\qquad\qquad\qquad\qquad=\sqrt{2}\sin\left(\theta+\dfrac{\pi}{4}\right)$

答え $\sqrt{2}\sin\left(\theta+\dfrac{\pi}{4}\right)$

(2) $\sin\theta-\sqrt{3}\cos\theta=2\left\{\sin\theta\times\dfrac{1}{2}+\cos\theta\times\left(-\dfrac{\sqrt{3}}{2}\right)\right\}$

$\qquad\qquad\qquad\qquad=2\left(\sin\theta\cos\dfrac{5}{3}\pi+\cos\theta\sin\dfrac{5}{3}\pi\right)$

$\qquad\qquad\qquad\qquad=2\sin\left(\theta+\dfrac{5}{3}\pi\right)$

答え $2\sin\left(\theta+\dfrac{5}{3}\pi\right)$

応用問題

1次 1 次の方程式を解きなさい。ただし，$0\leqq x<2\pi$ とします。

$2\sin 3x=\sqrt{3}$

考え方 x の定義域から $3x$ の定義域を求める。

解き方 $3x=\theta$ とすると，$0\leqq\theta<6\pi$

ここで，$\sin\theta=\dfrac{\sqrt{3}}{2}$ ($0\leqq\theta<6\pi$) を解くと，

$\theta=\dfrac{\pi}{3}$，$\dfrac{2}{3}\pi$，$\dfrac{7}{3}\pi$，$\dfrac{8}{3}\pi$，$\dfrac{13}{3}\pi$，$\dfrac{14}{3}\pi$

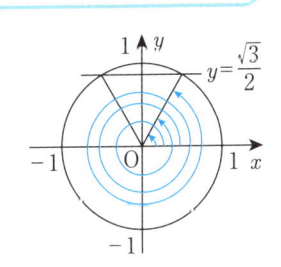

第3章 三角関数

よって，$x = \dfrac{\pi}{9}$, $\dfrac{2}{9}\pi$, $\dfrac{7}{9}\pi$, $\dfrac{8}{9}\pi$, $\dfrac{13}{9}\pi$, $\dfrac{14}{9}\pi$

答え $x = \dfrac{\pi}{9}$, $\dfrac{2}{9}\pi$, $\dfrac{7}{9}\pi$, $\dfrac{8}{9}\pi$, $\dfrac{13}{9}\pi$, $\dfrac{14}{9}\pi$

2次 ② 等式①, ②を利用して, 等式③を導きなさい。

$\sin(\alpha + \beta) = \sin\alpha\cos\beta + \cos\alpha\sin\beta$ ⋯①

$\cos(\alpha + \beta) = \cos\alpha\cos\beta - \sin\alpha\sin\beta$ ⋯②

$\tan(\alpha + \beta) = \dfrac{\tan\alpha + \tan\beta}{1 - \tan\alpha\tan\beta}$ ⋯③

考え方 $\tan\theta = \dfrac{\sin\theta}{\cos\theta}$ を利用する。

解き方 $\tan(\alpha + \beta) = \dfrac{\sin(\alpha + \beta)}{\cos(\alpha + \beta)} = \dfrac{\sin\alpha\cos\beta + \cos\alpha\sin\beta}{\cos\alpha\cos\beta - \sin\alpha\sin\beta}$ ← ①, ②より

$= \dfrac{\dfrac{\sin\alpha}{\cos\alpha} + \dfrac{\sin\beta}{\cos\beta}}{1 - \dfrac{\sin\alpha\sin\beta}{\cos\alpha\cos\beta}}$ ← 分母, 分子を $\cos\alpha\cos\beta$ で割る

$= \dfrac{\tan\alpha + \tan\beta}{1 - \tan\alpha\tan\beta}$

よって, ③が成り立つ。

2次 ③ 方程式 $\sin2\theta + \sin\theta = 0$ ($0° \leqq \theta < 360°$) を解きなさい。

考え方 2倍角の公式を使う。

解き方 $\sin2\theta = 2\sin\theta\cos\theta$ より,

$2\sin\theta\cos\theta + \sin\theta = 0$

$\sin\theta(2\cos\theta + 1) = 0$

$\sin\theta = 0$ または $\cos\theta = -\dfrac{1}{2}$

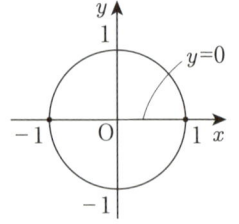

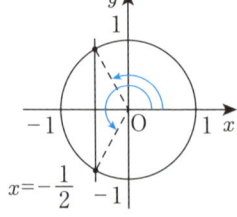

よって, $\theta = 0°$, $120°$, $180°$, $240°$

$\theta = 0°$, $180°$ $\theta = 120°$, $240°$

答え $0°$, $120°$, $180°$, $240°$

2次重要 4 $\sqrt{3}\sin\theta+\cos\theta$ の最大値と最小値，およびそのときの θ をそれぞれ求めなさい。ただし，$0°\leqq\theta<360°$ とします。

ポイント $\sqrt{3}\sin\theta+\cos\theta$ を $r\sin(\theta+\alpha)$ の形に変形する。

解き方 $\sqrt{(\sqrt{3})^2+1^2}=2$ より，

$$\sqrt{3}\sin\theta+\cos\theta=2\left(\sin\theta\times\frac{\sqrt{3}}{2}+\cos\theta\times\frac{1}{2}\right)$$
$$=2(\sin\theta\cos30°+\cos\theta\sin30°)$$
$$=2\sin(\theta+30°)$$

$0°\leqq\theta<360°$ より，$30°\leqq\theta+30°<390°$ だから，$-2\leqq2\sin(\theta+30°)\leqq2$

$\theta+30°=90°$ すなわち $\theta=60°$ のとき，最大値 2

$\theta+30°=270°$ すなわち $\theta=240°$ のとき，最小値 -2

答え $\theta=60°$ のとき最大値 2，$\theta=240°$ のとき最小値 -2

2次重要 5 $3\sin\theta+4\cos\theta$ の最大値と最小値を求めなさい。ただし，$0\leqq\theta<2\pi$ とする。

ポイント $3\sin\theta+4\cos\theta$ を $r\sin(\theta+\alpha)$ の形に変形する。

解き方 $\sqrt{3^2+4^2}=5$ より，

$$3\sin\theta+4\cos\theta=5\left(\sin\theta\times\frac{3}{5}+\cos\theta\times\frac{4}{5}\right)=5\sin(\theta+\alpha)$$

$$\left(\text{ただし，}\alpha\text{は}\cos\alpha=\frac{3}{5},\sin\alpha=\frac{4}{5}\text{を満たす角}\right)$$

$0\leqq\theta<2\pi$ より，$\alpha\leqq\theta+\alpha<2\pi+\alpha$ だから，$-5\leqq5\sin(\theta+\alpha)\leqq5$

よって，最大値 5，最小値 -5

答え 最大値 5，最小値 -5

練習問題

答え：別冊 P16〜P17

1 次の値を求めなさい。
  (1) $\sin 165°$
  (2) $\cos 15° \sin 165°$
  (3) $\tan 75°$

2 $0° \leq \theta < 360°$ のとき，方程式 $\cos 2\theta + 3\cos\theta - 1 = 0$ を解きなさい。

3 $90° < \theta < 180°$ とします。$\sin\theta = \dfrac{3}{4}$ のとき，$\sin 2\theta$，$\cos 2\theta$ の値を求めなさい。

4 $\sqrt{2}\sin\theta - \sqrt{6}\cos\theta$ について，次の問いに答えなさい。
  (1) $r\sin(\theta + \alpha)$ の形に変形しなさい。ただし，$-\pi < \alpha \leq \pi$ とします。
  (2) 最大値と最小値，およびそのときの θ の値をそれぞれ求めなさい。ただし，$0 \leq \theta < 2\pi$ とします。

5 △ABC について，$\sin A = \dfrac{1}{\sqrt{2}}$，$\sin C = \dfrac{\sqrt{3}}{2}$ のとき，$\sin B$ の値を求めなさい。

第4章

指数関数と対数関数

4-1　指数と指数関数 …………… 84

4-2　対数と対数関数 …………… 90

4-1 指数と指数関数

1 累乗根と指数法則

指数法則は，指数が正の整数のときだけでなく，指数が 0 や負の整数，有理数，そして実数にまで拡張することができます。

● 累乗根の性質

n を正の整数として，n 乗すると a になる数を a の **n 乗根**といい，$\sqrt[n]{a}$ で表す。すなわち，$(\sqrt[n]{a})^n = a$ となる。とくに 2 乗根を**平方根**といい，a の平方根を $\sqrt{a}$ で表す。2 乗根（平方根），3 乗根（立方根），4 乗根，…，n 乗根をまとめて**累乗根**といい，次の性質が成り立つ。

Check!

累乗根の性質

$a > 0$, $b > 0$, m, n, p が正の整数のとき，

$$\sqrt[n]{a}\sqrt[n]{b} = \sqrt[n]{ab} \qquad \frac{\sqrt[n]{a}}{\sqrt[n]{b}} = \sqrt[n]{\frac{a}{b}} \qquad (\sqrt[n]{a})^m = \sqrt[n]{a^m}$$

$$\sqrt[m]{\sqrt[n]{a}} = \sqrt[mn]{a} \qquad \sqrt[np]{a^{mp}} = \sqrt[n]{a^m} \qquad \sqrt[n]{0} = 0$$

● 指数の拡張と指数法則

指数が 0 や負の場合は，次のように定める。

$a \neq 0$，n が正の整数のとき，$a^0 = 1$，$a^{-n} = \dfrac{1}{a^n}$

また，指数が分数の場合は，次のように定める。

$a > 0$，m が整数，n が正の整数のとき，$a^{\frac{m}{n}} = \sqrt[n]{a^m}$

これらを用いると，指数が有理数のとき，次の**指数法則**が成り立つ。

Check!

指数法則

$a > 0$, $b > 0$, p, q が有理数のとき，

$$a^p a^q = a^{p+q} \qquad (a^p)^q = a^{pq} \qquad (ab)^p = a^p b^p$$

$$a^p \div a^q = a^{p-q} \qquad \left(\frac{a}{b}\right)^p = \frac{a^p}{b^p}$$

なお，p が無理数のときでも，$a>0$ において a^p を定めることができる。また，指数が無理数でもこの指数法則が成り立つ。

テスト $a>0$ のとき，$a^{\frac{1}{2}} \times a^{\frac{3}{2}}$ と $a^{\frac{5}{2}} \div a^{\frac{3}{2}}$ を計算しなさい。 **答え** a^2，a

2 指数関数

$a>0$，$a \neq 1$ のとき，関数 $y=a^x$ を **a を底とする指数関数** といいます。

● 指数関数のグラフ

指数関数 $y=a^x$ のグラフは，次のようになる。

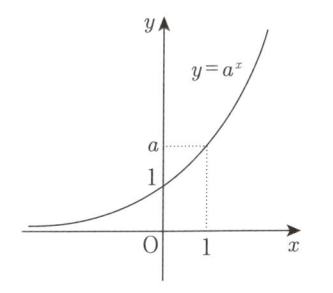

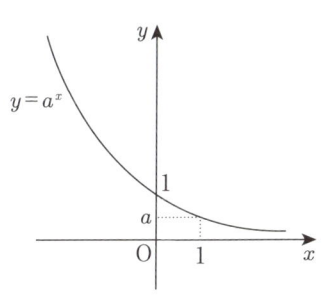

・$a>1$ のとき　　　　　　・$0<a<1$ のとき

指数関数 $y=a^x$ のグラフは点 $(0, 1)$ を通り，漸近線は x 軸（直線 $y=0$）となる。また，次の性質が成り立つ。

Check!

指数関数 $y=a^x$ の性質
・定義域は実数全体，値域は正の実数全体（$y>0$）である。
・$a>1$ のとき，x の値が増加すると，y の値も増加する。したがって，
　　$p<q \iff a^p<a^q$
・$0<a<1$ のとき，x の値が増加すると，y の値は減少する。したがって，
　　$p<q \iff a^p>a^q$

テスト 7^{-2} と 7^{-4} の大小関係と，0.5^2 と 0.5^3 の大小関係をそれぞれ不等号を用いて表しなさい。 **答え** $7^{-4}<7^{-2}$，$0.5^3<0.5^2$

基本問題

1 次の計算をしなさい。

(1) $\left(\dfrac{49}{25}\right)^{\frac{3}{2}}$

(2) $\sqrt[3]{27^2}$

考え方
(1) 49，25 を素因数分解してから，指数法則を用いる。
(2) 27 を素因数分解してから，累乗根の性質を用いる。

解き方 (1) $\left(\dfrac{49}{25}\right)^{\frac{3}{2}} = \left(\dfrac{7^2}{5^2}\right)^{\frac{3}{2}} = \dfrac{7^{2\times\frac{3}{2}}}{5^{2\times\frac{3}{2}}} = \dfrac{7^3}{5^3} = \dfrac{343}{125}$

答え $\dfrac{343}{125}$

(2) $\sqrt[3]{27^2} = \sqrt[3]{(3^3)^2} = \sqrt[3]{3^{3\times2}} = 3^{\frac{3\times2}{3}} = 3^2 = 9$

答え 9

2 次の計算をしなさい。

(1) $\sqrt[3]{81} \times \sqrt[3]{243}$

(2) $\sqrt[9]{(5^3)^2} \div \sqrt[6]{5}$

考え方 累乗根を 3^a や 5^a（a は有理数）の形に変形してから計算する。

解き方 (1) $\sqrt[3]{81} \times \sqrt[3]{243} = \sqrt[3]{3^4} \times \sqrt[3]{3^5} = 3^{\frac{4}{3}} \times 3^{\frac{5}{3}} = 3^{\frac{4}{3}+\frac{5}{3}} = 3^{\frac{9}{3}} = 27$

答え 27

(2) $\sqrt[9]{(5^3)^2} \div \sqrt[6]{5} = \sqrt[9]{5^{3\times2}} \div \sqrt[6]{5} = 5^{\frac{3\times2}{9}} \div 5^{\frac{1}{6}} = 5^{\frac{2}{3}} \times 5^{-\frac{1}{6}} = 5^{\frac{3}{6}} = 5^{\frac{1}{2}} = \sqrt{5}$

答え $\sqrt{5}$

3 次の計算をしなさい。

(1) $\left(2^{\frac{1}{4}} \times 3^{-\frac{3}{4}}\right)^2 \times 2^{\frac{3}{2}} \div 3^{-\frac{3}{2}}$

(2) $\left(2^{\frac{1}{2}} - 2^{-\frac{1}{2}}\right)^2$

考え方 (1) 2 の累乗，3 の累乗はそれぞれをまとめて計算する。

解き方 (1) $\left(2^{\frac{1}{4}} \times 3^{-\frac{3}{4}}\right)^2 \times 2^{\frac{3}{2}} \div 3^{-\frac{3}{2}} = 2^{\frac{1}{4}\times2} \times 3^{-\frac{3}{4}\times2} \times 2^{\frac{3}{2}} \times 3^{\frac{3}{2}}$

$= 2^{\frac{1}{2}+\frac{3}{2}} \times 3^{-\frac{3}{2}+\frac{3}{2}} = 2^2 \times 3^0 = 4$

答え 4

(2) $\left(2^{\frac{1}{2}} - 2^{-\frac{1}{2}}\right)^2 = \left(2^{\frac{1}{2}}\right)^2 - 2 \times 2^{\frac{1}{2}} \times 2^{-\frac{1}{2}} + \left(2^{-\frac{1}{2}}\right)^2 = 2^1 - 2 \times 2^0 + 2^{-1}$

$= 2 - 2 + \dfrac{1}{2} = \dfrac{1}{2}$

答え $\dfrac{1}{2}$

応用問題

1次 重要 1 次の方程式を解きなさい。

(1) $9^{x+1}=27^{1-x}$

(2) $25^x-3\cdot5^x-10=0$

考え方
(1) 両辺を 3^n の形で表して、指数の部分で等式をつくる。
(2) $5^x=t$ として、t の2次方程式として解く。

解き方 (1) $9^{x+1}=27^{1-x}$

$(3^2)^{x+1}=(3^3)^{1-x}$ ← $9=3^2$, $27=3^3$ を用いて変形する

$3^{2(x+1)}=3^{3(1-x)}$

両辺の底が等しいので、$2(x+1)=3(1-x)$ $x=\dfrac{1}{5}$ **答え** $x=\dfrac{1}{5}$

(2) $25^x-3\cdot5^x-10=0$

$(5^2)^x-3\cdot5^x-10=0$ ← $25=5^2$ を用いる

$(5^x)^2-3\cdot5^x-10=0$ ← 5^x の形をつくる

$t=5^x(t>0)$ とすると、← 関数 $y=5^x$ は $y>0$ だから、$t=5^x>0$ となる

$t^2-3t-10=0$ $(t-5)(t+2)=0$ $t=5, -2$

$t>0$ より、$t=5$ だから、$5^x=5$ よって、$x=1$ **答え** $x=1$

2次 2 次の不等式を解きなさい。

(1) $27^{-3x-2}\leqq81^{1-x}$

(2) $0.5^{2x}>\left(\dfrac{1}{4}\right)^{4x-3}$

ポイント 指数の部分を比較するとき、底をそろえて、底の値と不等号の向きに注意する。

解き方 (1) 両辺の底を3でそろえる。

(左辺)$=27^{-3x-2}=(3^3)^{-3x-2}=3^{-9x-6}$ (右辺)$=81^{1-x}=(3^4)^{1-x}=3^{4-4x}$

底は3で1より大きいので、$-9x-6\leqq4-4x$ より、$x\geqq-2$

答え $x\geqq-2$

(2) 両辺の底を $\frac{1}{2}$ でそろえる。

$$(左辺)=\left(\frac{1}{2}\right)^{2x} \quad (右辺)=\left(\frac{1}{2^2}\right)^{4x-3}=\left(\frac{1}{2}\right)^{2(4x-3)}=\left(\frac{1}{2}\right)^{8x-6}$$

底は $\frac{1}{2}$ で 1 より小さいので，$2x<8x-6$ より，$x>1$　　**答え** $x>1$

2次 **3** 関数 $y=\dfrac{5^x+5^{-x}}{2}$ について，次の問いに答えなさい。

(1) $x\geqq 0$ のとき，$y+\sqrt{y^2-1}$ を計算しなさい。

(2) $x<0$ のとき，$y+\sqrt{y^2-1}$ を計算しなさい。

考え方
(1) 根号の中を (　　)^2 の形にして，$x\geqq 0$ の条件で根号をはずす。

(2) $x<0$ の条件で根号を外す。

解き方 (1) y^2-1 を計算すると，

$$y^2-1=\left(\frac{5^x+5^{-x}}{2}\right)^2-1=\frac{(5^x+5^{-x})^2}{4}-1$$

$$=\frac{(5^x)^2+2\cdot 5^x\cdot 5^{-x}+(5^{-x})^2}{4}-1$$

$$=\frac{(5^x)^2+2+(5^{-x})^2-4}{4}=\frac{(5^x)^2-2+(5^{-x})^2}{4}$$

$$=\frac{(5^x-5^{-x})^2}{4} \quad\longleftarrow\quad \begin{aligned}&(5^x)^2-2+(5^{-x})^2\\&=(5^x)^2-2\cdot 5^x\cdot 5^{-x}+(5^{-x})^2\\&=(5^x-5^{-x})^2\end{aligned}$$

よって，

$$y+\sqrt{y^2-1}=\frac{5^x+5^{-x}}{2}+\frac{\sqrt{(5^x-5^{-x})^2}}{2} \quad\cdots ①$$

$5^{-x}=\left(\dfrac{1}{5}\right)^x$ であり，$x\geqq 0$ のとき，$5^x\geqq\left(\dfrac{1}{5}\right)^x$ である。

$x\geqq 0$ のとき，$5^x\geqq 5^{-x}$，すなわち $5^x-5^{-x}\geqq 0$ だから，①より，

$$y+\sqrt{y^2-1}=\frac{5^x+5^{-x}}{2}+\frac{5^x-5^{-x}}{2}=5^x$$

答え 5^x

(2) $x<0$ のとき,$5^x<\left(\dfrac{1}{5}\right)^x$ である。

$x<0$ のとき,$5^x<5^{-x}$,すなわち $5^x-5^{-x}<0$ だから,(1)の①より,

$$y+\sqrt{y^2-1}=\dfrac{5^x+5^{-x}}{2}+\dfrac{5^{-x}-5^x}{2}=5^{-x}$$

答え 5^{-x}

練習問題

答え:別冊P18〜P19

1 次の計算をしなさい。
(1) $36^{\frac{3}{2}}$
(2) $\left(\dfrac{125}{8}\right)^{\frac{4}{3}}$

2 次の計算をしなさい。
(1) $(\sqrt[3]{125})^2$
(2) $\sqrt[4]{81^3}$

3 方程式 $8^{x+2}=32^{5-x}$ を解きなさい。

4 方程式 $49^x-4\cdot 7^x-21=0$ を解きなさい。

5 関数 $y=\dfrac{7^x+7^{-x}}{2}$ について,次の問いに答えなさい。
(1) $x\geqq 0$ のとき,$y-\sqrt{y^2-1}$ を計算しなさい。
(2) $x<0$ のとき,$y-\sqrt{y^2-1}$ を計算しなさい。

第4章 指数関数と対数関数

4-2 対数と対数関数

1 指数と対数

指数を学んだあとは，対数を学びます。対数の性質を正しく理解しましょう。

● 対数

$a>0$，$a \neq 1$ のとき，M を正の数とすると，$a^p=M$ となる実数 p がただ 1 つ存在する。このとき，p を <u>a を底とする M の対数</u>といい，$p=\log_a M$ と表す。また，M をこの対数の<u>真数</u>といい，対数の底は 1 以外の正の数で，真数はつねに正の数（$M>0$）である。

Check!

$a>0$，$a \neq 1$ で，$M>0$ のとき，$a^p=M \iff p=\log_a M$

テスト $5^p=47$ のとき，$p=\log_a M$ の形で表しなさい。　**答え** $p=\log_5 47$

とくに，底が 10 の対数を<u>常用対数</u>といい，$\log_{10} 2 = 0.3010$，$\log_{10} 3 = 0.4771$ など，常用対数の値はいろいろな場面で用いられる。

● 対数の性質

$a^0=1$，$a^1=a$ より，$\log_a 1 = 0$，$\log_a a = 1$ が導かれる。

また，対数は次の性質が成り立つ。

Check!

対数の性質

$a>0$，$a \neq 1$，$M>0$，$N>0$ で，p を実数とするとき，

$\log_a MN = \log_a M + \log_a N$　　　$\log_a \dfrac{M}{N} = \log_a M - \log_a N$

$\log_a M^p = p \log_a M$

テスト $\log_2 21$，$\log_2 \dfrac{7}{3}$ を $\log_2 3$ と $\log_2 7$ を用いてそれぞれ表しなさい。

答え $\log_2 3 + \log_2 7$，$\log_2 7 - \log_2 3$

対数では，次に示す底の変換公式が成り立つ。

Check!

底の変換公式
$a>0$，$a\neq 1$，$b>0$，$b\neq 1$，$c>0$，$c\neq 1$ のとき，
$$\log_a b = \frac{\log_c b}{\log_c a} \qquad とくに，\log_a b = \frac{1}{\log_b a}$$

これらの証明については，P.93の基本問題 **4** で扱う。

2 対数関数

● 対数関数のグラフ

$a>0$，$a\neq 1$ のとき，正の値 x における関数 $y=\log_a x$ を，a を底とする対数関数という。対数関数 $y=\log_a x$ のグラフは次のようになる。

・$a>1$ のとき　　　　　　　　・$0<a<1$ のとき

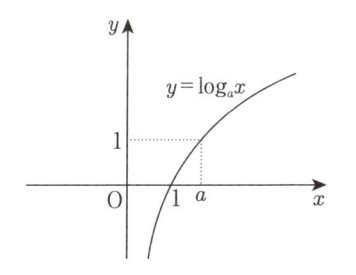

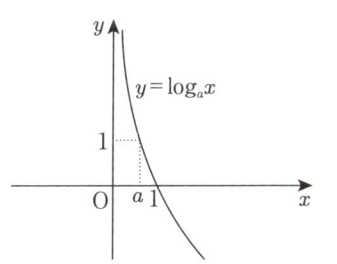

対数関数 $y=\log_a x$ のグラフは点 $(1, 0)$ を通り，グラフの漸近線は y 軸（直線 $x=0$）となる。また，次の性質が成り立つ。

Check!

・定義域は正の実数全体（$x>0$），値域は実数全体である。
・$a>1$ のとき，x の値が増加すると，y の値も増加する。したがって，
　　$0<p<q \iff \log_a p < \log_a q$
・$0<a<1$ のとき，x の値が増加すると，y の値は減少する。したがって，
　　$0<p<q \iff \log_a p > \log_a q$

テスト $\log_3 7$ と $\log_3 5$ の大小関係を，不等号を用いて表しなさい。

答え $\log_3 7 > \log_3 5$

基本問題

1 次の計算をしなさい。

(1) $\log_3 5 \cdot \log_5 27$

(2) $(\log_5 4 + \log_5 8)\log_4 25$

考え方 底の変換公式を用いて，底をそろえる。

解き方 (1) $\log_3 5 \cdot \log_5 27 = \log_3 5 \cdot \dfrac{\log_3 27}{\log_3 5} = \log_3 27 = \log_3 3^3 = 3\log_3 3 = 3$ **答え** 3

(2) $(\log_5 4 + \log_5 8)\log_4 25 = \log_5(4 \cdot 8) \cdot \dfrac{\log_5 25}{\log_5 4} = \log_5 2^5 \cdot \dfrac{\log_5 5^2}{\log_5 2^2}$

$= 5\log_5 2 \cdot \dfrac{2\log_5 5}{2\log_5 2} = 5$ **答え** 5

2 次の方程式を解きなさい。

(1) $\log_3(x^2-7) = 2$

(2) $\log_6(x+1)(x-4) = 1$

考え方 真数が正のときの x の値の範囲を求め，対数の定義を用いて変形して解く。

解き方 (1) 真数は正より，$x^2-7>0$ だから，$x<-\sqrt{7}$, $\sqrt{7}<x$ …①

また，方程式 $\log_3(x^2-7)=2$ について，対数の定義から，$x^2-7=3^2$

よって，$x=\pm 4$　　どちらも①を満たす。 **答え** $x=\pm 4$

(2) 真数は正より，$(x+1)(x-4)>0$ だから，$x<-1$, $4<x$ …①

また，方程式 $\log_6(x+1)(x-4)=1$ について，対数の定義から，

$(x+1)(x-4)=6^1$　　$x^2-3x-10=0$　　$(x+2)(x-5)=0$

よって，$x=-2, 5$　　どちらも①を満たす。 **答え** $x=-2, 5$

3 次の方程式を解きなさい。

(1) $9(\log_{10} x)^2 + 6(\log_{10} x) + 1 = 0$

(2) $(\log_3 x)^2 + 2(\log_3 x) - 8 = 0$

考え方 $\log_{10}x$ や $\log_3 x$ を t として, t の2次方程式として解く。

解き方 (1) 真数は正より, $x>0$ である。$t=\log_{10}x$ とすると,
$$9t^2+6t+1=0 \quad (3t+1)^2=0 \quad t=-\frac{1}{3}$$
よって, $\log_{10}x=-\frac{1}{3}$ より, $x=10^{-\frac{1}{3}}=\frac{1}{\sqrt[3]{10}}$
これは, $x>0$ を満たす。

答え $x=\dfrac{1}{\sqrt[3]{10}}$

(2) 真数は正より, $x>0$ である。$t=\log_3 x$ とすると,
$$t^2+2t-8=0 \quad (t+4)(t-2)=0 \quad t=-4, \; 2$$
$t=-4$ のとき, $-4=\log_3 x$ よって, $x=3^{-4}=\dfrac{1}{81}$
$t=2$ のとき, $2=\log_3 x$ よって, $x=3^2=9$
$x=\dfrac{1}{81}$, 9 は $x>0$ を満たす。

答え $x=\dfrac{1}{81}, \; 9$

2次 4 a, b, c はいずれも1でない正の数で, $M>0$, $N>0$ であるとき, 次の等式が成り立つことを証明しなさい。

(1) $\log_a MN = \log_a M + \log_a N$, $\log_a \dfrac{M}{N} = \log_a M - \log_a N$

(2) $\log_a b = \dfrac{\log_c b}{\log_c a}$

解き方 (1) $\log_a M = p$, $\log_a N = q$ とすると, $M=a^p$, $N=a^q$
指数法則より, $MN = a^p a^q = a^{p+q}$
よって, $\log_a MN = \log_a a^{p+q} = p+q = \log_a M + \log_a N$
同様に, $\dfrac{M}{N} = \dfrac{a^p}{a^q} = a^{p-q}$ だから, $\log_a \dfrac{M}{N} = \log_a a^{p-q} = p-q = \log_a M - \log_a N$

(2) $\log_a b = p$ とすると, $a^p = b$
両辺に c を底とする対数をとると, $\log_c a^p = \log_c b$ より, $p \log_c a = \log_c b$
$a \neq 1$ より, $\log_c a \neq 0$ だから, $p = \dfrac{\log_c b}{\log_c a}$ すなわち, $\log_a b = \dfrac{\log_c b}{\log_c a}$

応用問題

1 3^{3^3} の桁数を求めなさい。ただし，$\log_{10}3=0.4771$ とします。

考え方 3^{27} の常用対数をとって，桁数を求める。

解き方 3^{3^3} の常用対数をとると，

$\log_{10}3^{3^3}=\log_{10}3^{27}=27\times\log_{10}3=27\times 0.4771=12.8817$

$12<\log_{10}3^{3^3}<13$ より，$10^{12}<3^{3^3}<10^{13}$

以上から，3^{3^3} の桁数は 13 である。

答え 13

2 3つの数 2^{20}，3^{12}，5^{10} を小さいほうから順に並べなさい。ただし，$\log_{10}2=0.3010$，$\log_{10}3=0.4771$ とします。

考え方 常用対数をとって，大小関係を求める。

解き方 それぞれの常用対数をとると，

$\log_{10}2^{20}=20\log_{10}2=6.020$

$\log_{10}3^{12}=12\log_{10}3=5.7252$

$\log_{10}5^{10}=10\log_{10}5=10\log_{10}\dfrac{10}{2}=10(\log_{10}10-\log_{10}2)=10(1-0.3010)$

$\qquad\qquad=10\times 0.6990=6.990$

したがって，$\log_{10}3^{12}<\log_{10}2^{20}<\log_{10}5^{10}$

底が 1 より大きいので，$3^{12}<2^{20}<5^{10}$

答え 3^{12}，2^{20}，5^{10}

3 5^n が 10 桁の整数となるような正の整数 n の値をすべて求めなさい。ただし，$\log_{10}2=0.3010$ とします。

考え方 整数 n のとりうる範囲を，常用対数で表す。

解き方 5^n が 10 桁の整数のとき，$10^9\leqq 5^n<10^{10}$ であり，それぞれの常用対数をとると，$9\leqq n\log_{10}5<10$ より，$\dfrac{9}{\log_{10}5}\leqq n<\dfrac{10}{\log_{10}5}$ ……①

ここで，$\log_{10}5=\log_{10}\dfrac{10}{2}=1-\log_{10}2=0.6990$ より，①は，

$$\dfrac{9}{0.699}=12.87\cdots \leqq n<\dfrac{10}{0.699}=14.30\cdots$$

よって，これを満たす n の値は 13，14 である。　　**答え** $n=13, 14$

発展問題

2次 ① $\dfrac{30}{29}<\dfrac{29}{28}<\dfrac{28}{27}$ であることを利用して，$\log_{10}29$ の値を小数第3位まで求めなさい。ただし，$\log_{10}2=0.3010$，$\log_{10}3=0.4771$，$\log_{10}7=0.8451$ とします。

考え方 2つの不等式に分けて，両辺の常用対数をとる。

解き方 $\dfrac{30}{29}<\dfrac{29}{28}$ より，$\log_{10}\dfrac{30}{29}<\log_{10}\dfrac{29}{28}$　　$\log_{10}30-\log_{10}29<\log_{10}29-\log_{10}28$

$\log_{10}29>\dfrac{1}{2}(\log_{10}28+\log_{10}30)$

ここで，$\log_{10}30=\log_{10}(3\times 10)=\log_{10}3+1$，
$\log_{10}28=\log_{10}(2^2\times 7)=2\log_{10}2+\log_{10}7$ だから，

$\log_{10}29>\dfrac{1}{2}(2\log_{10}2+\log_{10}3+\log_{10}7+1)$

$\log_{10}29>\dfrac{1}{2}(0.6020+0.4771+0.8451+1)$

$\log_{10}29>1.4621$　…①

> 筆算で計算や検算をしてもよいが，対数計算は電卓を使うとよい

また，$\dfrac{29}{28}<\dfrac{28}{27}$ より，$\log_{10}\dfrac{29}{28}<\log_{10}\dfrac{28}{27}$　　$\log_{10}29-\log_{10}28<\log_{10}28-\log_{10}27$

$\log_{10}29<2\log_{10}28-\log_{10}27$

ここで，$\log_{10}27=\log_{10}3^3=3\log_{10}3$ だから，

$\log_{10}29<2(2\log_{10}2+\log_{10}7)-3\log_{10}3$

$\log_{10}29<1.4629$　…②

よって①，②より，$1.4621<\log_{10}29<1.4629$ だから，$\log_{10}29$ の値を小数第3位まで求めると，1.462 である。　　**答え** 1.462

練習問題

答え：別冊P19～P20

1 次の計算をしなさい。

(1) $\log_7 8 \cdot \log_2 7$

(2) $(\log_4 5 + \log_2 5)\log_5 16$

2 次の方程式を解きなさい。

(1) $\log_2 x(x-4) = 2$

(2) $\log_6 (x-1)(x+4) = 2$

3 次の方程式を解きなさい。

(1) $(\log_3 x)^2 - 8(\log_3 x) + 16 = 0$

(2) $(\log_2 x)^2 - 7(\log_2 x) + 10 = 0$

4 3つの数 5^{12}, 6^{11}, 9^{10} を小さいほうから順に並べなさい。ただし，$\log_{10} 2 = 0.3010$，$\log_{10} 3 = 0.4771$ とします。

5 8^n が19桁の整数となるような正の整数 n の値をすべて求めなさい。ただし，$\log_{10} 2 = 0.3010$ とします。

第5章

微分法と積分法

- 5-1 導関数 ……………………… 98
- 5-2 導関数の応用 ……………… 103
- 5-3 不定積分と定積分 ………… 109
- 5-4 積分法の応用 ……………… 114

5-1 導関数

1 導関数

物体が運動しているとき，その瞬間速度は方程式のグラフと対応させると，接線の傾きで表されます。

● 微分係数

関数 $f(x)$ において，x の値が a から $b=a+h$ まで変化するときの平均変化率は，

$$\frac{f(b)-f(a)}{b-a}=\frac{f(a+h)-f(a)}{(a+h)-a}=\frac{f(a+h)-f(a)}{h}$$

と表される。ここで，h を限りなく 0 に近づけたとき，

$$f'(a)=\lim_{h\to 0}\frac{f(a+h)-f(a)}{h}$$

で表し，$f'(a)$ を関数 $f(x)$ の $x=a$ における微分係数という。

● 微分法

関数 $f(x)$ の x の値 a に対して，微分係数 $f'(a)$ を対応させる関数を $f(x)$ の導関数といい，記号 $f'(x)$ で表す。また，導関数を求めることを微分するという。導関数を表すときは，y', $\dfrac{dy}{dx}$, $\dfrac{d}{dx}f(x)$ などの記号も用いられる。

ここで，$f(x)=x$, $g(x)=x^2$, $h(x)=x^3$ の導関数を求めると，

$$f'(x)=\lim_{h\to 0}\frac{(x+h)-x}{h}=\lim_{h\to 0}\frac{h}{h}=\lim_{h\to 0}1=1$$

$$g'(x)=\lim_{h\to 0}\frac{(x+h)^2-x^2}{h}=\lim_{h\to 0}\frac{2hx+h^2}{h}=\lim_{h\to 0}(2x+h)=2x$$

$$h'(x)=\lim_{h\to 0}\frac{(x+h)^3-x^3}{h}=\lim_{h\to 0}\frac{3hx^2+3h^2x+h^3}{h}=\lim_{h\to 0}(3x^2+3hx+h^2)=3x^2$$

一般に，導関数に関して次の公式が成り立つ。

Check!

導関数の公式
関数 $y = x^n$ (n は正の整数) の導関数は, $\quad y' = nx^{n-1}$
関数 $y = k$ (k は定数) の導関数は, $\quad y' = 0$
関数 $y = kf(x) + \ell g(x)$ (k, ℓ は定数) の導関数は, $\quad y' = kf'(x) + \ell g'(x)$

テスト 関数 $f(x) = 3x^2$ と $g(x) = x^3 + x$ の導関数を求めなさい。

答え $f'(x) = 6x$, $g'(x) = 3x^2 + 1$

2 接線の方程式

曲線 $y = f(x)$ 上の点 $(a, f(a))$ における接線の方程式を求めることができます。

● 接線の傾きと接線の方程式

右の図から, 曲線 $y = f(x)$ の $x = a$ の点における接線の傾きは,

$$\lim_{h \to 0} \frac{f(a+h) - f(a)}{h} = f'(a)$$

であることがわかるので, 曲線上の点 $(a, f(a))$ における接線の方程式は, 次のように表される。

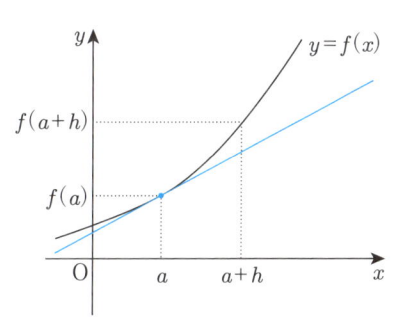

Check!

接線の方程式
曲線 $y = f(x)$ 上の点 $(a, f(a))$ における接線の方程式は,
$\quad y - f(a) = f'(a)(x - a)$

たとえば, 関数 $f(x) = x^3 - 2x$ のグラフ上の点 $(1, -1)$ における接線の傾きは, $f'(x) = 3x^2 - 2$ より, $f'(1) = 3 \cdot 1^2 - 2 = 1$ だから, 点 $(1, -1)$ における接線の方程式は, $y - (-1) = f'(1)(x - 1)$ より, $y + 1 = 1 \cdot (x - 1)$ すなわち, $y = x - 2$ となる。

テスト 放物線 $y = x^2$ 上の点 $(2, 4)$ における接線の方程式を求めなさい。

答え $y = 4x - 4$

基本問題

1 次の関数を微分しなさい。

(1) $y = x^3 + 2x^2 + 5x + 4$

(2) $y = 2x^3 - \dfrac{1}{2}x^2 - 2$

考え方 関数 $y = kf(x) + \ell g(x)$ の導関数 $y' = kf'(x) + \ell g'(x)$ を用いて求める。

解き方 (1) $y' = (x^3)' + 2(x^2)' + 5(x)' + (4)' = 3x^2 + 2 \cdot 2x + 5 \cdot 1 + 0$
$= 3x^2 + 4x + 5$

答え $y' = 3x^2 + 4x + 5$

(2) $y' = 2(x^3)' - \dfrac{1}{2}(x^2)' - (2)' = 2 \cdot 3x^2 - \dfrac{1}{2} \cdot 2x + 0 = 6x^2 - x$

答え $y' = 6x^2 - x$

2 関数 $f(x) = (x^2 + 3)(2x - 1)$ について, 次の問いに答えなさい。

(1) 導関数 $f'(x)$ を求めなさい。

(2) $f'(1)$ の値を求めなさい。

(3) 曲線 $y = f(x)$ 上の点 $(1, 4)$ における接線の方程式を求めなさい。

考え方
(1) 式を展開し, $(x^n)' = nx^{n-1}$ を用いて各項を微分する。
(2) (1)の結果に $x = 1$ を代入して計算する。
(3) $y - f(a) = f'(a)(x - a)$ を利用する。

解き方 (1) $f(x) = (x^2 + 3)(2x - 1) = 2x^3 - x^2 + 6x - 3$ より,
$f'(x) = 2 \cdot 3x^2 - 2x + 6 = 6x^2 - 2x + 6$

答え $f'(x) = 6x^2 - 2x + 6$

(2) (1)の結果より, $f'(1) = 6 \cdot 1^2 - 2 \cdot 1 + 6 = 10$

答え 10

(3) (2)の結果より, 求める接線の傾きは $f'(1) = 10$ だから,
$y - 4 = 10(x - 1)$ これを整理して, $y = 10x - 6$

答え $y = 10x - 6$

応用問題

2次 重要 1 2つの2次関数 $f(x)=-x^2+2x$, $g(x)=x^2+1$ について，次の問いに答えなさい。

(1) 曲線 $y=f(x)$ 上の点 $(a, -a^2+2a)$ における接線の方程式を求めなさい。

(2) (1)の接線が曲線 $y=g(x)$ にも接するように，a の値を定めなさい。

考え方
(1) 導関数から接線の傾きを求める。

(2) (1)で求めた接線と放物線 $y=g(x)$ の共有点が1つである条件から，a の値を求める。

解き方 (1) 関数 $f(x)$ の導関数 $f'(x)$ を求めると，
$$f'(x)=-2x+2=-2(x-1)$$
したがって，点 $(a, -a^2+2a)$ における接線の方程式は，
$$y-(-a^2+2a)=-2(a-1)(x-a)$$
整理して，$y=-2(a-1)x+a^2$ …①

答え $y=-2(a-1)x+a^2$

(2) $y=g(x)=x^2+1$ …②

①と②を連立して y を消去すると，
$$x^2+1=-2(a-1)x+a^2$$
$$x^2+2(a-1)x-a^2+1=0 \quad \cdots ③$$

①，②のグラフは接するから，x の2次方程式③が重解をもつように a の値を定めればよい。ここで，方程式③の判別式を D とすると，
$$\frac{D}{4}=(a-1)^2-(-a^2+1)$$
$$=2a^2-2a=2a(a-1)$$

条件は $\frac{D}{4}=0$ だから，求める a の値は，$a=0, 1$ である。

接線の方程式は①より，
$a=0$ のとき $y=2x$，
$a=1$ のとき $y=1$

答え $0, 1$

練習問題

答え:別冊 P20〜P21

1 次の関数を微分しなさい。
(1) $y = x^3 + 5x^2 + 7$
(2) $y = (2x^2 - 5)(x + 1)$

2 関数 $f(x) = x^3 + 7x + 4$ について，$f'(2)$ の値を求めなさい。

3 関数 $f(x) = 2x^3 + px^2 + 6x - 5$ について，$f'(x) = 0$ となる x の値がただ1つ存在するように，定数 p の値を定めなさい。

4 2つの2次関数 $f(x) = x^2 - 2x + 1$，$g(x) = -x^2$ について，次の問いに答えなさい。
(1) 曲線 $y = f(x)$ 上の点 $(a, a^2 - 2a + 1)$ における接線の方程式を求めなさい。
(2) (1)の接線が曲線 $y = g(x)$ にも接するとき，その接線の方程式を求めなさい。

5 2次関数 $f(x) = -x^2 + 3$ について，座標平面上の点 $(1, 6)$ から放物線 $y = f(x)$ に引いた2つの接線の方程式を求めなさい。

5-2 導関数の応用

1 関数の増減

関数の増減は，グラフを用いるとわかりやすくなります。

● 区間における関数の増加・減少

関数 $f(x)$ がある区間の任意の実数 a，b に対して，

$a<b$ ならば $f(a)<f(b)$

が成り立つとき，この区間において関数 $f(x)$ は**増加する**という。同様に，

$a<b$ ならば $f(a)>f(b)$

が成り立つとき，この区間において関数 $f(x)$ は**減少する**という。

関数の増減は，導関数 $f'(x)$ を用いて次のように表される。

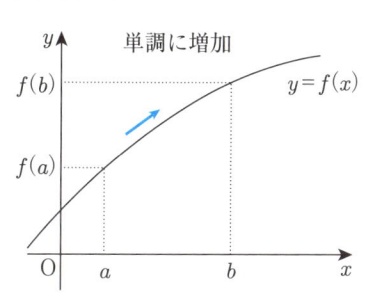

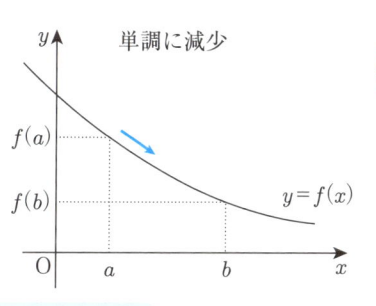

Check!

つねに $f'(x)>0$ である区間では，関数 $f(x)$ は増加する。
つねに $f'(x)<0$ である区間では，関数 $f(x)$ は減少する。

2 極大・極小

関数の極値を求める過程で，その関数のグラフの概形がわかります。

● 極値

関数 $f(x)$ の値が $x=a$ を境にして増加から減少に変わるとき，関数 $f(x)$ は $x=a$ で**極大**であるといい，$f(a)$ を**極大値**という。同様に，関数 $f(x)$ の値が，$x=b$ を境にして減少から増加に変わるとき，関数 $f(x)$ は $x=b$ で

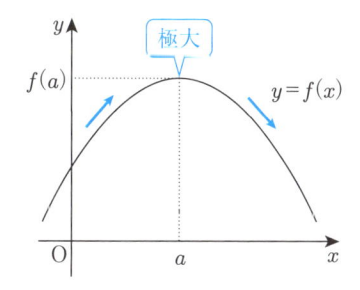

極小であるといい，$f(b)$ を極小値という。

極大値と極小値をまとめて，極値といい，関数の極大・極小は，導関数 $f'(x)$ を用いて次のように表される。

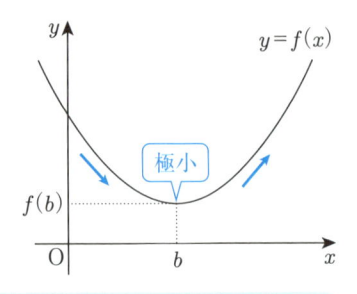

Check!

導関数 $f'(x)$ の符号が $x=a$ を境にして正から負に変わるとき，関数 $f(x)$ は $x=a$ で極大になり，導関数 $f'(x)$ の符号が $x=b$ を境にして負から正に変わるとき，関数 $f(x)$ は $x=b$ で極小になる。

● グラフの概形

関数 $y=x^3-3x$ の値の増減，および極値を調べると，y の導関数は，

$$y'=3x^2-3=3(x-1)(x+1)$$

であり，$y'=0$ のとき $x=-1$, 1 と求められ，その増減の様子は下の表のようになる。この表を増減表という。

x	……	-1	……	1	……
y'	$+$	0	$-$	0	$+$
y	↗	2	↘	-2	↗

したがって，この関数のグラフは右の図のようになる。

また，この関数の極値は，

　$x=-1$ のとき極大値 2

　$x=1$ のとき極小値 -2

となる。

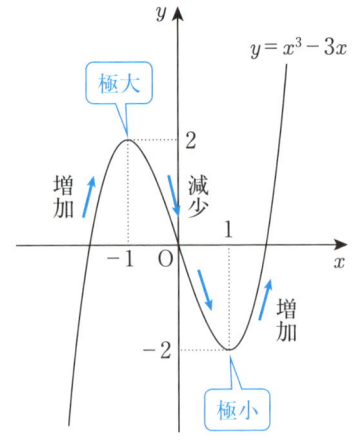

テスト 次の□にあてはまる数を答えなさい。

『関数 $f(x)=(x+1)^2$ は，$x<□$ の範囲で減少し，$□<x$ の範囲で増加する』

答え　-1

基本問題

1 次の関数の増減を調べ,極値があればそれを求めなさい。

(1) $y = x^3 - 12x + 8$ 　　　(2) $y = x^3 + 3x^2 + 3x - 1$

考え方 導関数を求め,増減表より極値を調べる。

解き方 (1) 与えられた関数の導関数を求めると,

$y' = 3x^2 - 12 = 3(x^2 - 4) = 3(x+2)(x-2)$

$y' = 0$ のとき,$x = -2, 2$

この関数の増減表は次のようになる。

x	……	-2	……	2	……
y'	$+$	0	$-$	0	$+$
y	↗	24	↘	-8	↗

したがって,$x = -2$ のとき,極大値 24

　　　　　$x = 2$ のとき,極小値 -8 をとる。

答え $x = -2$ のとき極大値 24,$x = 2$ のとき極小値 -8

(2) 与えられた関数の導関数を求めると,

$y' = 3x^2 + 6x + 3 = 3(x+1)^2$

$y' = 0$ のとき,$x = -1$ ←重解となる

この関数の増減表は次のようになる。

x	……	-1	……
y'	$+$	0	$+$
y	↗	-2	↗

したがって,$x = -1$ のとき $y' = 0$ であるが,$x = -1$ を境にして y' の符号は変わらない。よって,この関数は極値をもたない。

答え 極値をもたない

2次重要 2

関数 $y=2x^3-3x^2-12x+15$ のグラフと直線 $y=-6$ の共有点の個数を求めなさい。

考え方 増減表より極値を調べ，グラフから共有点の個数を求める。

解き方 与えられた関数の導関数 y' を求めると，

$y'=6x^2-6x-12=6(x^2-x-2)=6(x+1)(x-2)$

$y'=0$ のとき，$x=-1, 2$

この関数の増減表は，次のようになる。

x	……	-1	……	2	……
y'	$+$	0	$-$	0	$+$
y	↗	22	↘	-5	↗

したがって，この関数のグラフは右の図のようになり，直線 $y=-6$ との共有点の個数は1個である。

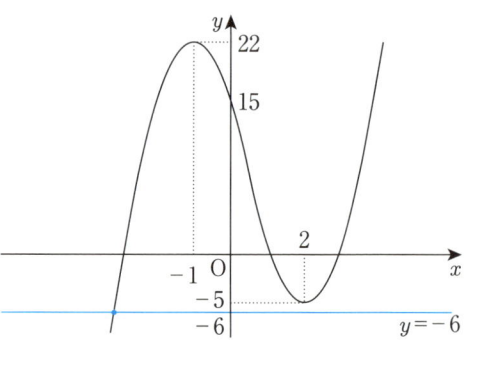

答え 1個

応用問題

2次重要 1

関数 $f(x)=2x^3+ax^2-bx+1$ が $x=-2$ および $x=1$ で極値をとるとき，次の問いに答えなさい。

(1) 定数 a, b の値を求めなさい。

(2) 極大値と極小値を求めなさい。

考え方
(1) 導関数 $f'(x)$ を求め，$f'(-2)=0$ および $f'(1)=0$ とする。
(2) (1)で求めた a，b の値を代入する。

解き方 (1) $f(x)=2x^3+ax^2-bx+1$ より，$f'(x)=6x^2+2ax-b$

$x=-2$ および $x=1$ で極値をとるので，

$f'(-2)=6(-2)^2+2a(-2)-b=0$

$f'(1)=6+2a-b=0$

整理して，

$\begin{cases} 4a+b=24 & \cdots ① \\ 2a-b=-6 & \cdots ② \end{cases}$

①+②より，$6a=18$　　よって，$a=3$

①に代入して，$b=12$

答え $a=3$，$b=12$

(2) (1)で求めた a，b の値を，$f(x)$ と $f'(x)$ に代入すると，

$f(x)=2x^3+3x^2-12x+1$

$f'(x)=6x^2+6x-12=6(x^2+x-2)$

$\qquad =6(x+2)(x-1)$

関数 $f(x)$ の増減表は次のようになる。

x	……	-2	……	1	……
$f'(x)$	$+$	0	$-$	0	$+$
$f(x)$	↗	21	↘	-6	↗

したがって，

$x=-2$ のとき，極大値 21

$x=1$ のとき，極小値 -6

をとる。

答え $x=-2$ のとき極大値 21，$x=1$ のとき極小値 -6

練習問題

答え：別冊P21〜P23

1 関数 $y = -x^3 + 3x^2 - 3$ について，次の問いに答えなさい。

(1) この関数の増減を調べ，極値があればそれを求めなさい。

(2) この関数のグラフと直線 $y = -2$ の共有点の個数を求めなさい。

2 関数 $f(x) = -x^3 + ax^2 + bx - 1$ が $x = -1$ および $x = 3$ で極値をとるとき，次の問いに答えなさい。

(1) 定数 a，b の値を求めなさい。

(2) 極大値と極小値を求めなさい。

3 関数 $y = -x^3 - 6x^2 + 5$ について，次の定義域における最大値と最小値を求めなさい。

(1) $-4 \leq x \leq 3$

(2) $-7 \leq x \leq 0$

4 右の図のように，底面の半径が r，高さが h の円錐に円柱が内接しています。このとき，円柱の体積の最大値を求めなさい。

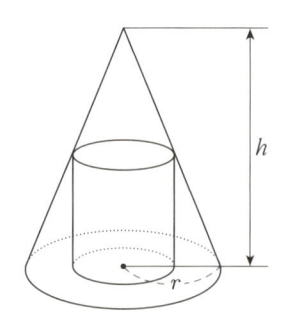

5-3 不定積分と定積分

1 不定積分

微分して $f(x)$ になる関数について考えます。

● 原始関数と不定積分

微分して $f(x)$ になる関数 $F(x)$ を，$f(x)$ の**原始関数**という。たとえば，x^3，x^3+1，x^3-2 などは，すべて関数 $f(x)=3x^2$ の原始関数である。

そこで定数 C を用いて，関数 $f(x)$ の任意の原始関数を $F(x)+C$ と表すとき，これを関数 $f(x)$ の**不定積分**といい，$\int f(x)\,dx$ で表す。不定積分を求めることを**積分する**といい，C を**積分定数**という。

n が 0 以上の整数のとき，$(x^{n+1})'=(n+1)x^n$ だから，次の式が成り立つ。

Check!

x^n の不定積分

$$\int x^n dx = \frac{1}{n+1}x^{n+1}+C \quad (C は積分定数)$$

たとえば，

$$\int 1\,dx = x+C, \quad \int x\,dx = \frac{1}{2}x^2+C, \quad \int x^2\,dx = \frac{1}{3}x^3+C \quad (C は積分定数)$$

となる。また，不定積分には次の性質がある。

Check!

不定積分の公式

$$\int \{kf(x)+\ell g(x)\}\,dx = k\int f(x)\,dx + \ell\int g(x)\,dx \quad (k, \ell は定数)$$

テスト 積分定数を C として，次の不定積分を求めなさい。

(1) $\int (x^2+1)\,dx$ 　　　 (2) $\int 3x\,dx$

答え (1) $\frac{1}{3}x^3+x+C$ 　 (2) $\frac{3}{2}x^2+C$

第5章 微分法と積分法

2 定積分

不定積分を求めた後，変数に値を代入することを考えます。

● 定積分の計算

関数 $f(x)$ の1つの不定積分 $F(x)$ に対して，$x=a$ から $x=b$ までの値の変化量 $F(b)-F(a)$ を，関数 $f(x)$ の a から b までの<u>定積分</u>といい，

$$\int_a^b f(x)\,dx = \Big[F(x)\Big]_a^b = F(b)-F(a)$$

と表す。a をこの定積分の<u>下端</u>，b を<u>上端</u>という。なお，$F(b)-F(a)$ は a，b によって決まる定数で，積分定数 C のとり方によらないため，定積分では $\int_a^b x^2 dx = \Big[\dfrac{1}{3}x^3\Big]_a^b$ のように，積分定数 C は省略する。

$$\int_{-2}^{1} 2x\,dx = \Big[x^2\Big]_{-2}^{1} = 1^2 - (-2)^2 = -3$$

$$\int_{-1}^{1} 3x^2\,dx = \Big[x^3\Big]_{-1}^{1} = 1^3 - (-1)^3 = 2$$

定積分について，次の式が成り立つ。

Check!

> 定積分の性質
> $$\int_a^b \{kf(x) + \ell g(x)\}\,dx = k\int_a^b f(x)\,dx + \ell \int_a^b g(x)\,dx, \qquad \int_a^a f(x)\,dx = 0,$$
> $$\int_b^a f(x)\,dx = -\int_a^b f(x)\,dx, \qquad \int_a^b f(x)\,dx = \int_a^c f(x)\,dx + \int_c^b f(x)\,dx$$
> （a，b，c，k，ℓ は定数）

テスト 次の定積分を求めなさい。

(1) $\displaystyle\int_0^1 (x+1)\,dx$ (2) $\displaystyle\int_{-1}^2 2x^2\,dx$ **答え** (1) $\dfrac{3}{2}$ (2) 6

ところで，$f(t)$ の原始関数を $F(t)$ として，$f(t)$ を a から x まで積分すると，

$$\int_a^x f(t)\,dt = F(x) - F(a)$$

となる。ここで，$\dfrac{d}{dx}F(x) = f(x)$ であり，$F(a)$ は定数だから，この両辺を x で微分すると，次の式が成り立つ。

Check!

$$\frac{d}{dx}\int_a^x f(t)\,dt = f(x) \quad (a\text{ は定数})$$

基本問題

1 関数 $f(x)=x^3-3x^2+5x+3$ について，次の問いに答えなさい。

(1) 不定積分 $\int f(x)\,dx$ を求めなさい。

(2) 定積分 $\int_{-2}^{2} f(x)\,dx$ を求めなさい。

考え方
(1) $\int x^n dx = \dfrac{1}{n+1}x^{n+1}+C$，$\int\{kf(x)+\ell g(x)\}\,dx = k\int f(x)\,dx + \ell\int g(x)\,dx$ を用いる。

(2) (1)の結果を用いて，定積分を計算する。

解き方 (1) $f(x)=x^3-3x^2+5x+3$ より，

$$\int f(x)\,dx = \int x^3 dx - 3\int x^2 dx + 5\int x\,dx + 3\int dx$$

$$= \frac{1}{4}x^4 - 3\cdot\frac{1}{3}x^3 + 5\cdot\frac{1}{2}x^2 + 3x + C$$

$$= \frac{1}{4}x^4 - x^3 + \frac{5}{2}x^2 + 3x + C \quad (C\text{ は積分定数})$$

答え $\dfrac{1}{4}x^4 - x^3 + \dfrac{5}{2}x^2 + 3x + C\ (C\text{ は積分定数})$

(2) (1)より，

$$\int_{-2}^{2} f(x)\,dx = \left[\frac{1}{4}x^4 - x^3 + \frac{5}{2}x^2 + 3x\right]_{-2}^{2}$$

$$= \left(\frac{1}{4}\cdot 2^4 - 2^3 + \frac{5}{2}\cdot 2^2 + 3\cdot 2\right)$$

$$\quad - \left\{\frac{1}{4}\cdot(-2)^4 - (-2)^3 + \frac{5}{2}\cdot(-2)^2 + 3\cdot(-2)\right\}$$

$$= (4-8+10+6) - (4+8+10-6) = -4$$

答え -4

応用問題

1 次の条件を満たす関数 $f(x)$ を求めなさい。

$$f'(x)=12x+6, \quad \int_0^2 f(x)\,dx=4$$

考え方 $f'(x)$ の不定積分を求め，$\int_0^2 f(x)\,dx=4$ から $f(x)$ を定める。

解き方 $f'(x)$ の不定積分を求めると，

$$\int f'(x)\,dx = 12\cdot\frac{1}{2}x^2+6x+C=6x^2+6x+C \quad (C \text{ は積分定数})$$

ここで，$f(x)=6x^2+6x+C$ とすると，

$$\int_0^2 f(x)\,dx=\left[6\cdot\frac{1}{3}x^3+6\cdot\frac{1}{2}x^2+Cx\right]_0^2=\left[2x^3+3x^2+Cx\right]_0^2$$

$$=(16+12+2C)-0=28+2C$$

$\int_0^2 f(x)\,dx=4$ より，　$28+2C=4$　　よって，$C=-12$

以上から，$f(x)=6x^2+6x-12$

答え $f(x)=6x^2+6x-12$

2 次の等式を満たす関数 $f(x)$ と定数 a を求めなさい。

$$\int_a^x f(t)\,dt=3x^2-4x+1$$

ポイント $\dfrac{d}{dx}\int_a^x f(t)\,dt=f(x)$ を用いて，$f(x)$ を求める。

解き方 $\int_a^x f(t)\,dt=3x^2-4x+1$　…①

①の両辺を x で微分して，$f(x)=\dfrac{d}{dx}\int_a^x f(t)\,dt=6x-4$

$f(t)=6t-4$ より，

$$\int_a^x f(t)\,dt=\int_a^x(6t-4)\,dt=\left[6\cdot\frac{1}{2}t^2-4t\right]_a^x=3x^2-4x-(3a^2-4a)$$

①より，$-(3a^2-4a)=1$　　$3a^2-4a+1=0$　　$(3a-1)(a-1)=0$

よって，$a=\dfrac{1}{3},\ 1$

答え $f(x)=6x-4,\ a=\dfrac{1}{3},\ 1$

練習問題

答え：別冊 P23〜P25

1 次の不定積分を求めなさい。

(1) $\int (3x^2+4)\,dx$

(2) $\int (x^2+3x-5)\,dx$

2 次の定積分を求めなさい。

(1) $\int_0^2 (6x^2+2x+3)\,dx$

(2) $\int_{-2}^1 (x^2-5x-4)\,dx$

3 次の条件を満たす関数 $f(x)$ を求めなさい。

$$f'(x)=-6x+2,\quad \int_0^3 f(x)\,dx=9$$

4 次の等式を満たす関数 $f(x)$ と定数 a の値を求めなさい。

$$\int_a^x f(t)\,dt=x^2-2x-3$$

5 次の等式を証明しなさい。

$$\int_\alpha^\beta (x-\alpha)(x-\beta)\,dx=-\frac{1}{6}(\beta-\alpha)^3$$

5-4 積分法の応用

1 定積分と面積

定積分を応用して，直線や曲線で囲まれた図形の面積を求めます。

● 曲線と x 軸とで囲まれた部分の面積

関数 $f(x)$ が区間 $a \leq x \leq b$ で $f(x) \geq 0$ のとき，曲線 $y=f(x)$ と x 軸とで囲まれた部分の面積は，定積分を用いて次のように求めることができる。

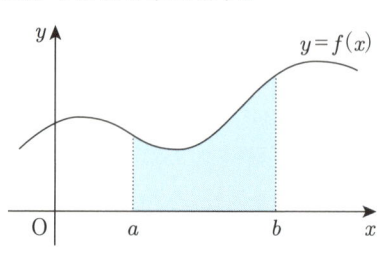

Check!

区間 $a \leq x \leq b$ で $f(x) \geq 0$ のとき，曲線 $y=f(x)$ と，2直線 $x=a$，$x=b$，および x 軸とで囲まれた部分の面積 S は，　　$S=\int_a^b f(x)\,dx$

なお，区間 $a \leq x \leq b$ で $f(x)<0$ の部分を含むとき，曲線 $y=f(x)$ と 2 直線 $x=a$，$x=b$，および x 軸とで囲まれた部分の面積 S は，

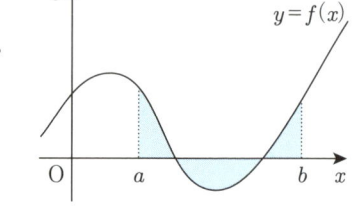

$$S=\int_a^b |f(x)|\,dx$$

と表される。

たとえば曲線 $y=x^2$ と 2 直線 $x=1$，$x=2$，および x 軸とで囲まれた部分の面積 S_1 は，

$$S_1=\int_1^2 x^2\,dx = \left[\frac{1}{3}x^3\right]_1^2 = \frac{1}{3}\cdot 2^3 - \frac{1}{3}\cdot 1^3 = \frac{7}{3}$$

となる。また，直線 $y=2x+1$，$x=3$，$x=4$，および x 軸とで囲まれた部分の面積 S_2 は，

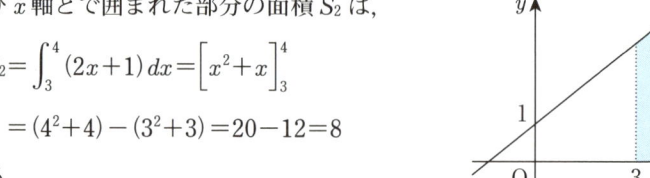

$$S_2=\int_3^4 (2x+1)\,dx = \left[x^2+x\right]_3^4$$
$$=(4^2+4)-(3^2+3)=20-12=8$$

となる。

テスト x軸とy軸，および直線$y=-x+1$で囲まれた部分の面積を求める定積分の式をつくりなさい。

答え $\int_0^1 (-x+1)\,dx$

● 2曲線で囲まれた部分の面積

2曲線$y=f(x)$，$y=g(x)$について，区間$a \leqq x \leqq b$で$f(x) \geqq g(x)$のとき，2曲線$y=f(x)$，$y=g(x)$と2直線$x=a$，$x=b$で囲まれた部分の面積は，定積分を用いて次のように求めることができる。

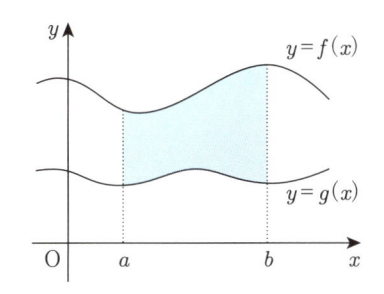

Check!

2曲線間の面積

区間$a \leqq x \leqq b$で$f(x) \geqq g(x)$のとき，2曲線$y=f(x)$，$y=g(x)$と2直線$x=a$，$x=b$で囲まれた部分の面積Sは， $S = \int_a^b \{f(x) - g(x)\}\,dx$

たとえば，$y=f(x)=x$，$y=g(x)=x^2$のグラフと2直線$x=2$，$x=3$で囲まれた部分の面積Sは，

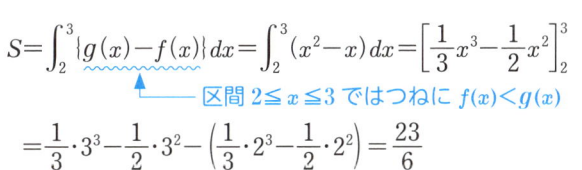

$$S = \int_2^3 \{g(x) - f(x)\}\,dx = \int_2^3 (x^2 - x)\,dx = \left[\frac{1}{3}x^3 - \frac{1}{2}x^2\right]_2^3$$

区間$2 \leqq x \leqq 3$ではつねに$f(x) < g(x)$

$$= \frac{1}{3} \cdot 3^3 - \frac{1}{2} \cdot 3^2 - \left(\frac{1}{3} \cdot 2^3 - \frac{1}{2} \cdot 2^2\right) = \frac{23}{6}$$

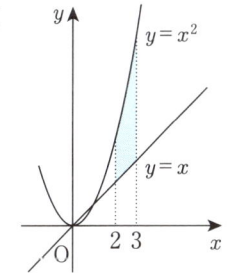

となる。

なお，区間$a \leqq x \leqq b$で$f(x) < g(x)$の部分と$f(x) > g(x)$の部分を含むとき，2曲線$y=f(x)$，$y=g(x)$と2直線$x=a$，$x=b$で囲まれた部分の面積Sは，

$$S = \int_a^b |f(x) - g(x)|\,dx$$

と表される。

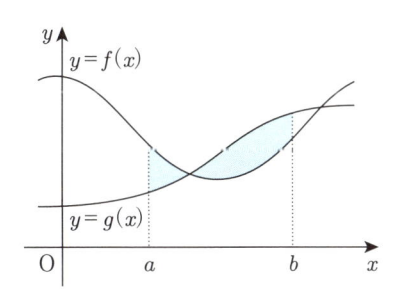

第5章 微分法と積分法

基本問題

2次 重要 1 放物線 $y=-x^2+5x+2$ を p, 直線 $y=x+2$ を ℓ として, 次の問いに答えなさい。

(1) 放物線 p と直線 ℓ の交点の座標をすべて求めなさい。

(2) 放物線 p と直線 ℓ で囲まれた部分の面積を求めなさい。

> **考え方** (2) 面積 $S=\int_a^b \{f(x)-g(x)\}\,dx$ を用いて求める。

解き方 (1) 放物線 p と直線 ℓ の方程式を連立して y を消去すると,

$$-x^2+5x+2=x+2$$
$$-x^2+4x=0$$
$$-x(x-4)=0$$

よって, $x=0,\ 4$

以上から, 交点の座標は,

$(0,\ 2),\ (4,\ 6)$

答え $(0,\ 2),\ (4,\ 6)$

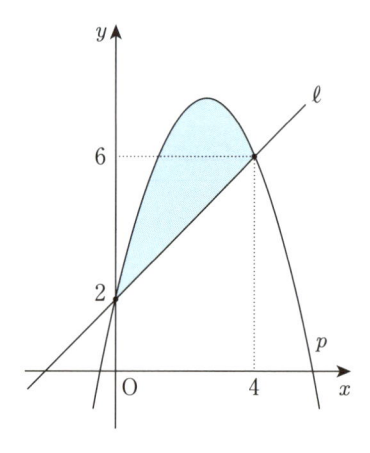

(2) $f(x)=-x^2+5x+2$, $g(x)=x+2$ とすると, グラフより $0\leqq x\leqq 4$ の範囲で $f(x)\geqq g(x)$ である。したがって, 放物線 p と直線 ℓ で囲まれた部分の面積を S とすると,

$$S=\int_0^4 \{f(x)-g(x)\}\,dx$$
$$=\int_0^4 \{(-x^2+5x+2)-(x+2)\}\,dx$$
$$=\int_0^4 (-x^2+4x)\,dx$$
$$=\left[-\frac{1}{3}x^3+2x^2\right]_0^4=\frac{32}{3}$$

答え $\dfrac{32}{3}$

応用問題

2次 重要 1 放物線 $y=3x^2$ 上の点 $P(a, 3a^2)$ における接線を ℓ とするとき,次の問いに答えなさい。ただし,$a>0$ とします。

(1) 接線 ℓ の方程式を求めなさい。

(2) 放物線と接線 ℓ および x 軸で囲まれた部分の面積を求めなさい。

考え方 (2) グラフをかき,定積分の区間に注意して式をつくる。

解き方 (1) $f(x)=3x^2$ ……①

とすると,$f'(x)=6x$

したがって,接線 ℓ の方程式は,

$y-3a^2=f'(a)(x-a)$

$y-3a^2=6a(x-a)$

よって,$y=6ax-3a^2$ ……②

答 $y=6ax-3a^2$

(2) (1)で求めた接線 ℓ と x 軸の交点の座標は,$y=0$ を②に代入して,

$0=6ax-3a^2$

$a\ne 0$ より,$x=\dfrac{a}{2}$

放物線は,原点 $(0, 0)$ で x 軸と共有点をもつから,$g(x)=6ax-3a^2$ として,求める面積を S とすると,

$$S=\int_0^{\frac{a}{2}} f(x)\,dx + \int_{\frac{a}{2}}^{a} \{f(x)-g(x)\}\,dx$$

$$=\int_0^{\frac{a}{2}} 3x^2\,dx + \int_{\frac{a}{2}}^{a} \{3x^2-(6ax-3a^2)\}\,dx$$

$$=\left[x^3\right]_0^{\frac{a}{2}} + \left[x^3-3ax^2+3a^2x\right]_{\frac{a}{2}}^{a}$$

$$=\left(\frac{a}{2}\right)^3 - 0 + (a^3-3a^3+3a^3) - \left\{\left(\frac{a}{2}\right)^3 - 3a\left(\frac{a}{2}\right)^2 + 3a^2\cdot\frac{a}{2}\right\}$$

$$=\frac{1}{8}a^3 + a^3 - \frac{7}{8}a^3 = \frac{1}{4}a^3$$

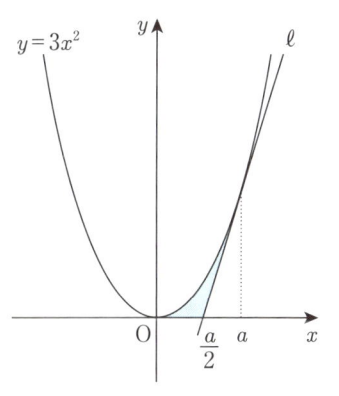

答 $\dfrac{1}{4}a^3$

練習問題

答え：別冊 P25〜P26

1 放物線 $y=-x^2+5x$ と x 軸で囲まれた部分の面積を求めなさい。

2 放物線 $y=x^2-4x+3$ を p，直線 $y=2x+3$ を ℓ として，次の問いに答えなさい。

(1) 放物線 p と直線 ℓ の交点の座標をすべて求めなさい。

(2) 放物線 p と直線 ℓ で囲まれた部分の面積を求めなさい。

3 放物線 $y=x^2$ 上の点 $P(a, a^2)$ における接線を ℓ とするとき，次の問いに答えなさい。ただし，$a<0$ とします。

(1) 接線 ℓ の方程式を求めなさい。

(2) この放物線と x 軸および接線 ℓ で囲まれた部分の面積を求めなさい。

4 次の等式を満たす関数 $f(x)$ を求めなさい。

$$f(x)=x^2-2x+\int_0^2 f(t)\,dt$$

第6章

数列

- **6-1** 等差数列と等比数列 ……………… 120
- **6-2** いろいろな数列の和 ……………… 125
- **6-3** 漸化式と数学的帰納法 ………… 131

1 等差数列と等比数列

1 等差数列の一般項と和

2, 5, 8, 11, ……は，2に3を次々に加えてできる数列です。このように，各項に一定の数を加えて次の項が得られる数列を**等差数列**といいます。

● 等差数列の一般項

a_1, a_1+d, a_1+2d, a_1+3d, ……

この数列の第 n 項 a_n は，$a_n = a_1 + (n-1)d$ と表される。a_n を**一般項**，a_1 を**初項**，d を**公差**という。

● 等差数列の和

この等差数列の初項から第 n 項までの和 S_n は，下の図から，

$$S_n = \frac{n(a_1+a_n)}{2} = \frac{n\{2a_1+(n-1)d\}}{2}$$

で求められる。

$$
\begin{array}{rl}
S_n = & a_1 + (a_1+d) + (a_1+2d) + \cdots + (a_n-d) + a_n \\
+)\ S_n = & a_n + (a_n-d) + (a_n-2d) + \cdots + (a_1+d) + a_1 \\
\hline
2S_n = & (a_1+a_n) + (a_1+a_n) + (a_1+a_n) + \cdots + (a_1+a_n) + (a_1+a_n)
\end{array}
$$

Check!

等差数列の一般項と和

$a_n = a_1 + (n-1)d$,　　$S_n = \dfrac{n(a_1+a_n)}{2} = \dfrac{n\{2a_1+(n-1)d\}}{2}$

テスト 初項 3，公差 2 の等差数列の第 4 項を求めなさい。　　**答え** 9

2 等比数列の一般項と和

4, 8, 16, 32, ……は，4に2を次々にかけてできる数列です。このように，各項に一定の数をかけて次の項が得られる数列を**等比数列**といいます。

● 等比数列の一般項

a_1, a_1r, a_1r^2, a_1r^3, ……

この数列の第 n 項 a_n は，$a_n = a_1 r^{n-1}$ と表される。r を **公比** という。

また，初項から第 n 項までの和 S_n は，下の図から，

$$S_n = \begin{cases} \dfrac{a_1(1-r^n)}{1-r} = \dfrac{a_1(r^n-1)}{r-1} & (r \neq 1 \text{ のとき}) \\ na_1 & (r=1 \text{ のとき}) \end{cases}$$

で求められる。たとえば，初項 3，公比 2 の等比数列の初項から第 n 項までの和 S_n を求めると，

$$S_n = \frac{3(2^n-1)}{2-1} = 3(2^n-1)$$

$$\begin{array}{rl} S_n = & a_1 + a_1 r + a_1 r^2 + \cdots\cdots + a_1 r^{n-1} \\ -)\ rS_n = & a_1 r + a_1 r^2 + \cdots\cdots + a_1 r^{n-1} + a_1 r^n \\ \hline (1-r)S_n = & a_1 \phantom{+ a_1 r + a_1 r^2 + \cdots\cdots + a_1 r^{n-1}} - a_1 r^n \end{array}$$

となる。

Check!

等比数列の一般項と和

$$a_n = a_1 r^{n-1}, \quad S_n = \begin{cases} \dfrac{a_1(1-r^n)}{1-r} = \dfrac{a_1(r^n-1)}{r-1} & (r \neq 1 \text{ のとき}) \\ na_1 & (r=1 \text{ のとき}) \end{cases}$$

テスト 初項 1，公比 2 の等比数列の第 4 項を求めなさい。　**答え** 8

基本問題

1 次の問いに答えなさい。

(1) 初項 50，公差 -3 である等差数列の第 10 項を求めなさい。

(2) 初項が 12，第 8 項が -2 である等差数列の第 5 項を求めなさい。

(3) 初項 -3，公差 2 である等差数列について，初項から第 20 項までの和を求めなさい。

ポイント

(1)〜(2) 等差数列の一般項の公式　$a_n = a_1 + (n-1)d$ を利用する。

(3) 等差数列の和の公式　$S_n = \dfrac{n\{2a_1 + (n-1)d\}}{2}$ を利用する。

解き方 公差を d とする。

(1) $a_1 = 50$，$d = -3$ より，$a_{10} = 50 + 9 \times (-3) = 23$　**答え** 23

(2) $a_8 = 12 + 7d = -2$ より，$d = -2$

よって，$a_5 = 12 + 4 \times (-2) = 4$　**答え** 4

(3) $a_1 = -3$，$d = 2$ より，$S_{20} = \dfrac{20\{2 \times (-3) + 19 \times 2\}}{2} = 320$　**答え** 320

2 次の問いに答えなさい。

(1) 初項が 2，第 4 項が -54 である等比数列の公比を求めなさい。

(2) 初項が $\dfrac{3}{4}$，第 5 項が 12 である等比数列の第 10 項を求めなさい。

(3) 初項が 3，公比が -2 である等比数列の初項から第 7 項までの和を求めなさい。

ポイント

(1)〜(2) 等比数列の一般項の公式 $a_n = a_1 r^{n-1}$ を利用する。

(3) 等比数列の和の公式 $S_n = \dfrac{a_1(1-r^n)}{1-r}$ を利用する。

解き方 公比を r とする。

(1) $a_4 = 2 \times r^3 = -54$ より，$r^3 = -27$　よって，$r = -3$　　**答え** -3

(2) $a_5 = \dfrac{3}{4} \times r^4 = 12$ より，$r^4 = 16$　よって，$r = \pm 2$

以上から，$a_{10} = \dfrac{3}{4} \times (\pm 2)^9 = \pm 384$ （複号同順）　　**答え** ± 384

(3) $a_1 = 3$，$r = -2$ より，$S_7 = \dfrac{3\{1-(-2)^7\}}{1-(-2)} = \dfrac{3(1+128)}{3} = 129$　　**答え** 129

応用問題

1 第 3 項が -4，第 8 項が 16 である等差数列について，次の問いに答えなさい。

(1) 60 は第何項ですか。

(2) 初項から第 15 項までの和を求めなさい。

考え方 (1) 初項を a_1，公差を d として，連立方程式をつくる。

解き方 (1) 初項を a_1，公差を d とすると，$a_3 = -4$，$a_8 = 16$ より，

$$\begin{cases} a_1 + 2d = -4 \\ a_1 + 7d = 16 \end{cases}$$

これを解いて，$d = 4$，$a_1 = -12$

よって，$a_n = -12 + (n-1) \times 4 = 4n - 16$ であり，$a_n = 60$ とすると，

$4n = 76$　よって，$n = 19$　　**答え** 第 19 項

(2) 和の公式に代入して，
$$S_{15}=\frac{15\{2\times(-12)+14\times 4\}}{2}=\frac{15(-24+56)}{2}=240$$

答え 240

2次 2 3つの数 a, b, c がこの順で等差数列をなしていて，また $a+b+c=18$，$a^2+b^2+c^2=126$ を満たすとき，a, b, c の値を求めなさい。

解き方 公差を d とすると，a, b, c はそれぞれ $b-d$, b, $b+d$ となるから，
$$\begin{cases}(b-d)+b+(b+d)=18 & \cdots ① \\ (b-d)^2+b^2+(b+d)^2=126 & \cdots ②\end{cases}$$

①より，$3b=18$　　よって，$b=6$

②より，$(6-d)^2+36+(6+d)^2=126$

$2d^2+108=126$　　$d^2=9$　　よって，$d=\pm 3$

以上から，$(a, b, c)=(3, 6, 9), (9, 6, 3)$

答え $(a, b, c)=(3, 6, 9), (9, 6, 3)$

2次 3 第2項が4，初項から第3項までの和が14である等比数列の初項を求めなさい。

考え方 初項を a_1，公比を r として，条件から連立方程式をつくる。

解き方 初項を a_1，公比を r とすると，$a_1\neq 0$，$r\neq 0$ である。

$a_2=a_1 r=4$　…①　　$a_1+a_1 r+a_1 r^2=14$　…②

②÷①より，$\dfrac{a_1(1+r+r^2)}{a_1 r}=\dfrac{14}{4}=\dfrac{7}{2}$

これを解いて，$2(1+r+r^2)=7r$　　$2r^2-5r+2=0$

$(r-2)(2r-1)=0$　　よって，$r=2$, $\dfrac{1}{2}$

$r=2$ のとき，$a_1=2$　　$r=\dfrac{1}{2}$ のとき，$a_1=8$

答え 2, 8

2次 4 初項が10，末項(最後の項)が90で，初項と末項の間に n 個の項がある等差数列があります。これら $(n+2)$ 個の数の和が850であるとき，n の値を求めなさい。

> **考え方** 等差数列の和の公式について，n を $n+2$ に置き換える。

解き方 条件から，$(n+2)$ 個の数の和は，
$$\frac{(n+2)(10+90)}{2}=850 \quad n+2=17 \quad よって，n=15$$

答え 15

練習問題

答え：別冊 P27〜P28

1 次の問いに答えなさい。
(1) 初項が 4，第 4 項が 3 である等差数列の第 5 項を求めなさい。
(2) 初項が -2，公差が 5 である等差数列について，初項から第 12 項までの和を求めなさい。

2 1 から 100 までの整数のうち，次の数の和を求めなさい。
(1) 3 で割ると 2 余る数
(2) 3 で割り切れない数

3 第 7 項が 20，第 19 項が -16 である等差数列について，次の問いに答えなさい。
(1) 第 25 項を求めなさい。
(2) 初項から第 n 項までの和を S_n とするとき，S_n の最大値を求めなさい。

4 次の問いに答えなさい。
(1) 初項が 9，公比が $-\dfrac{2}{3}$ である等比数列の第 6 項を求めなさい。
(2) 第 2 項が 6，第 5 項が -162 である等比数列の初項から第 6 項までの和を求めなさい。

5 n を正の整数とするとき，次の和を n を用いて表しなさい。
(1) 3^n の正の約数の総和
(2) 6^n の正の約数の総和

6-2 いろいろな数列の和

1 和の記号Σ

複雑に見える数列の和の形も，Σの公式を使うと解けることがあります。

● Σの意味

数列の和 $a_1+a_2+a_3+\cdots\cdots+a_n$ を，$\sum_{k=1}^{n} a_k$ と表す。$\sum_{k=1}^{n} a_k$ は，a_k の k に順に 1，2，3，……，n を代入したときに得られるすべての項の和を表す。たとえば，$2^2+3^2+\cdots\cdots+10^2$ は，$\sum_{k=1}^{9}(k+1)^2$ や $\sum_{i=2}^{10} i^2$ などと表すこともできる。

● Σの公式

・$\sum_{k=1}^{n} c$（c は定数）… $c=c+0\cdot k$ とすると，

$$\sum_{k=1}^{n} c = \sum_{k=1}^{n}(c+0\cdot k)$$
$$= (c+0\cdot 1)+(c+0\cdot 2)+(c+0\cdot 3)+\cdots\cdots+(c+0\cdot n)$$
$$= c+c+c+\cdots\cdots+c = nc \quad \leftarrow n \text{個の} c \text{の和}$$

・$\sum_{k=1}^{n} k$ … $1+2+3+\cdots\cdots+n$ より，初項 1，公差 1 の等差数列の和だから，

$$\sum_{k=1}^{n} k = \frac{n}{2}(n+1)$$

・$\sum_{k=1}^{n} r^k$ … $r+r^2+r^3+\cdots\cdots+r^n$ より，初項 r，公比 r の等比数列の和だから，

$$\sum_{k=1}^{n} r^k = \frac{r(1-r^n)}{1-r} = \frac{r(r^n-1)}{r-1} \quad (r \neq 1)$$

Check!

数列の和の公式

・$\sum_{k=1}^{n} c = nc$

・$\sum_{k=1}^{n} k = \frac{1}{2}n(n+1)$

・$\sum_{k=1}^{n} k^2 = \frac{1}{6}n(n+1)(2n+1)$

・$\sum_{k=1}^{n} k^3 = \left\{\frac{1}{2}n(n+1)\right\}^2$

・$\sum_{k=1}^{n} r^k = \frac{r(1-r^n)}{1-r} = \frac{r(r^n-1)}{r-1} \quad (r \neq 1)$

テスト $\sum_{k=1}^{10} k$ を求めなさい。　　**答え** 55

2 数列の和と一般項

数列 $\{a_n\}$ の初項から第 n 項までの和 S_n が n の式で表されているとき，一般項 a_n を求めることができます。

● 一般項の求め方

$n=1$ のとき $S_1=a_1$ で，$n\geq 2$ のとき，右の図から，$a_n=S_n-S_{n-1}$ が成り立つ。

$$S_n = a_1+a_2+\cdots\cdots+a_{n-1}+a_n$$
$$-)\ S_{n-1} = a_1+a_2+\cdots\cdots+a_{n-1}$$
$$S_n-S_{n-1}= \qquad\qquad\qquad\quad a_n$$

Check!

数列 $\{a_n\}$ の初項から第 n 項までの和を S_n とすると，
$a_1=S_1$，　　$a_n=S_n-S_{n-1}\,(n\geq 2)$

たとえば，初項から第 n 項までの和 S_n が $S_n=2n^2-5n$ で表される数列 $\{a_n\}$ の一般項を求めると，まず初項は，$a_1=S_1=-3$ 　…①

$S_{n-1}=2(n-1)^2-5(n-1)$ だから，$n\geq 2$ のとき，

$$a_n=S_n-S_{n-1}=2n^2-5n-\{2(n-1)^2-5(n-1)\}$$
$$=2n^2-5n-(2n^2-4n+2-5n+5)=4n-7 \quad \text{…②}$$

②で $n=1$ とすると -3 となり，①と一致するから，すべての正の整数 n について，$a_n=4n-7$ となる。

テスト 初項から第 n 項までの和 S_n が，$S_n=n^2-2n$ で表される数列の初項を求めなさい。

答え -1

3 階差数列

数列 $\{a_n\}$ に対して，$b_n=a_{n+1}-a_n$ によって定められた数列 $\{b_n\}$ を，$\{a_n\}$ の**階差数列**といいます。

● 階差数列の一般項

数列 $\{a_n\}$ の初項 a_1 と階差数列 $\{b_n\}$ について，$n\geq 2$ のとき，一般項 a_n は，$a_n=a_1+\sum_{k=1}^{n-1}b_k$ で求められる。

$$\left.\begin{array}{l} a_2-a_1 = b_1 \\ a_3-a_2 = b_2 \\ \quad\vdots \qquad\quad \vdots \\ +)\ a_n-a_{n-1}=b_{n-1} \end{array}\right\} \text{式が}(n-1)\text{個}$$
$$a_n-a_1 = b_1+b_2+\cdots\cdots+b_{n-1}$$

次の数列 $\{a_n\}$ の一般項は，以下のように求める。

　　$1, 2, 4, 7, 11, 16, \cdots\cdots$

この階差数列

　　$1, 2, 3, 4, 5, \cdots\cdots$

を $\{b_n\}$ とすると，$\{b_n\}$ の一般項は，$b_n=n$ と表される。

$n \geqq 2$ のとき，$a_n = a_1 + \sum\limits_{k=1}^{n-1} b_k = 1 + \sum\limits_{k=1}^{n-1} k$

$\qquad\qquad\qquad = 1 + \dfrac{(n-1)n}{2} = \dfrac{n^2-n+2}{2}$ ···①

①に $n=1$ を代入すると 1 となり，a_1 と一致するから，$a_n = \dfrac{n^2-n+2}{2}$ となる。

$\sum\limits_{k=1}^{n} k = \dfrac{n}{2}(n+1)$ より，

$\sum\limits_{k=1}^{n-1} k = \dfrac{n-1}{2}\{(n-1)+1\}$

$\qquad = \dfrac{(n-1)n}{2}$

Check!

数列 $\{a_n\}$ の階差数列を $\{b_n\}$ とすると，$a_n = a_1 + \sum\limits_{k=1}^{n-1} b_k$ （$n \geqq 2$）

基本問題

1 次の数列の和を求めなさい。

(1) $\sum\limits_{k=1}^{10}(3k+2)$ 　　　　(2) $\sum\limits_{k=1}^{6}(-2)^{k-1}$

考え方 Σ の公式を利用する。

解き方 (1) $\sum\limits_{k=1}^{10}(3k+2) = 3\sum\limits_{k=1}^{10}k + \sum\limits_{k=1}^{10}2 = 3 \times \dfrac{10 \times 11}{2} + 2 \times 10 = 185$ 　**答え** 185

(2) 初項 1，公比 -2 の等比数列だから，

$\dfrac{1 \cdot \{1-(-2)^6\}}{1-(-2)} = \dfrac{-63}{3} = -21$ 　**答え** -21

2 次の数列の初項から第 n 項までの和を求めなさい。

　　$1 \cdot 1, 2 \cdot 3, 3 \cdot 5, 4 \cdot 7, \cdots\cdots$

考え方 第 k 項を k を用いて表す。

解き方 この数列の第 k 項は $k(2k-1)$ だから,

$$\sum_{k=1}^{n} k(2k-1) = \sum_{k=1}^{n}(2k^2-k) = 2\times\frac{n(n+1)(2n+1)}{6} - \frac{n(n+1)}{2}$$
$$= \frac{1}{6}n(n+1)(4n+2-3) = \frac{1}{6}n(n+1)(4n-1)$$

答え $\dfrac{1}{6}n(n+1)(4n-1)$

3 初項から第 n 項までの和が $S_n=3n^2+2n$ で表される数列 $\{a_n\}$ について,一般項 a_n を求めなさい。

考え方 数列の和から一般項を求めるには,$n=1$ と $n\geq 2$ で場合分けをする。

解き方 $S_n=3n^2+2n$ より,

$n=1$ のとき,$a_1=S_1=5$ …①

$n\geq 2$ のとき,$a_n=S_n-S_{n-1}=3n^2+2n-\{3(n-1)^2+2(n-1)\}$
$\qquad\qquad\qquad = 3n^2+2n-(3n^2-6n+3+2n-2) = 6n-1$ …②

②に $n=1$ を代入すると 5 となり①と一致するから,$a_n=6n-1$

答え $a_n=6n-1$

応用問題

1 $a_n=1^2+2^2+3^2+\cdots\cdots+n^2$ とするとき,$\sum_{n=1}^{10} a_n$ を求めなさい。

考え方 a_n が和の形で表されているので,まず a_n を求める。

解き方 $a_n=1^2+2^2+3^2+\cdots\cdots+n^2 = \dfrac{1}{6}n(n+1)(2n+1) = \dfrac{1}{3}n^3+\dfrac{1}{2}n^2+\dfrac{1}{6}n$

$\sum_{n=1}^{10} a_n = \sum_{n=1}^{10}\left(\dfrac{1}{3}n^3+\dfrac{1}{2}n^2+\dfrac{1}{6}n\right) = \dfrac{1}{3}\cdot\dfrac{10^2\cdot 11^2}{4} + \dfrac{1}{2}\cdot\dfrac{10\cdot 11\cdot 21}{6} + \dfrac{1}{6}\cdot\dfrac{10\cdot 11}{2}$

$= \dfrac{25\cdot 121}{3} + \dfrac{5\cdot 11\cdot 7}{2} + \dfrac{5\cdot 11}{6} = \dfrac{7260}{6} = 1210$

答え 1210

2次 **2** 初項から第 n 項までの和が $S_n=5n^2-3n+c$ (c は定数)で表される数列 $\{a_n\}$ について,次の問いに答えなさい。

(1) a_1 を c を用いて表しなさい。

(2) $n \geqq 2$ のとき,a_n を求めなさい。

(3) (2)で求めた a_n の式に $n=1$ を代入した値と(1)の a_1 が一致するように,定数 c の値を定めなさい。

解き方 (1) $a_1=S_1=5-3+c=2+c$

答え $2+c$

(2) $n \geqq 2$ のとき,
$$a_n=S_n-S_{n-1}=5n^2-3n+c-\{5(n-1)^2-3(n-1)+c\}$$
$$=5n^2-3n+c-(5n^2-10n+5-3n+3+c)$$
$$=10n-8$$

答え $a_n=10n-8$

(3) (2)より,$a_n=10n-8$ に $n=1$ を代入すると 2 となり,(1)の a_1 と一致するためには,$c=0$ であればよい。

答え 0

2次 **3** 次の数列の一般項を求めなさい。

　　$7,\ 14,\ 23,\ 34,\ 47,\ \cdots\cdots$

ポイント この数列を $\{a_n\}$ として,$\{a_n\}$ の階差数列 $\{b_n\}$ を求める。
$a_n=a_1+\sum\limits_{k=1}^{n-1}b_k$ ($n \geqq 2$)を利用して計算する。

解き方 この数列を $\{a_n\}$ とし,階差数列

　　$7,\ 9,\ 11,\ 13,\ \cdots\cdots$

を $\{b_n\}$ とすると,$\{b_n\}$ は初項 7,公差 2 の等差数列だから,

$b_n=7+(n-1) \times 2=2n+5$

$n \geqq 2$ のとき,$a_n=7+\sum\limits_{k=1}^{n-1}(2k+5)=7+2 \times \dfrac{(n-1)n}{2}+5(n-1)=n^2+4n+2$

これに $n=1$ を代入すると,$1^2+4+2=7$ となって,a_1 と一致する。

よって,$a_n=n^2+4n+2$

答え $a_n=n^2+4n+2$

4 次の数列の初項から第 n 項までの和を求めなさい。

$$\frac{1}{\sqrt{2}+\sqrt{3}},\ \frac{1}{\sqrt{3}+\sqrt{4}},\ \frac{1}{\sqrt{4}+\sqrt{5}},\ \cdots\cdots$$

考え方 分数の分母を有理化する。

解き方 この数列の第 k 項は，

$$\frac{1}{\sqrt{k+1}+\sqrt{k+2}}=\frac{\sqrt{k+1}-\sqrt{k+2}}{k+1-(k+2)}=-(\sqrt{k+1}-\sqrt{k+2})$$

だから，求める和は，

$$-\{(\sqrt{2}-\sqrt{3})+(\sqrt{3}-\sqrt{4})+(\sqrt{4}-\sqrt{5})+\cdots\cdots+(\sqrt{n+1}-\sqrt{n+2})\}$$
$$=-(\sqrt{2}-\sqrt{n+2})=\sqrt{n+2}-\sqrt{2}$$

答え $\sqrt{n+2}-\sqrt{2}$

練習問題

答え：別冊 P28~P30

1 $a_n=1\cdot 2+2\cdot 3+3\cdot 4+\cdots\cdots+n(n+1)$ とするとき，$\sum_{k=1}^{n-1}a_k\ (n\geqq 2)$ を求め，因数分解した形で答えなさい。

2 初項から第 n 項までの和が $S_n=(n+1)(n+2)(n+3)$ で表される数列 $\{a_n\}$ について，一般項 a_n を求めなさい。

3 次の数列の初項から第 n 項までの和を求めなさい。
(1) $3,\ 3+6,\ 3+6+9,\ 3+6+9+12,\ \cdots\cdots$
(2) $1,\ 1+\dfrac{1}{2},\ 1+\dfrac{1}{2}+\dfrac{1}{2^2},\ 1+\dfrac{1}{2}+\dfrac{1}{2^2}+\dfrac{1}{2^3},\ \cdots\cdots$

4 次の数列の第 n 項を求めなさい。
(1) $2,\ 8,\ 18,\ 32,\ 50,\ \cdots\cdots$
(2) $-1,\ 2,\ 8,\ 20,\ 44,\ \cdots\cdots$

6-3 漸化式と数学的帰納法

1 漸化式

数列の隣り合う項の間の関係と1つの項の値が与えられていれば，一般項を求めることができます。

● 漸化式と一般項

数列の表現方法で，たとえば，初項1，公差2の等差数列 $\{a_n\}$ を表すのに，次のような表し方がある。

$a_1=1$， $a_{n+1}=a_n+2$

このように隣り合う項の間に成り立つ関係式を**漸化式**という。

テスト $a_1=2$， $a_{n+1}=a_n+3$ で表される数列 $\{a_n\}$ の第4項を求めなさい。

答え 11

Check!

漸化式と一般項
(1) $a_{n+1}=a_n+d$ 公差 d の等差数列を表すから， $a_n=a_1+(n-1)d$
(2) $a_{n+1}=ra_n$ 公比 r の等比数列を表すから， $a_n=a_1 r^{n-1}$
(3) $a_{n+1}=a_n+b_n$ b_n は階差数列の一般項だから，
 $n\geq 2$ のとき $a_n=a_1+\sum_{k=1}^{n-1} b_k$

● $a_{n+1}=pa_n+q$ の形の漸化式

$a_{n+1}=pa_n+q\,(p\neq 0,\ p\neq 1,\ q\neq 0)$ の形の漸化式は， $c=pc+q$ を満たす定数 c を使って， $a_{n+1}-c=p(a_n-c)$ と変形できるから，数列 $\{a_n-c\}$ は初項 a_1-c ，公比 p の等比数列となる。たとえば，漸化式 $a_{n+1}=2a_n+1$ は， $c=2c+1$ を解くと $c=-1$ となるから， $a_{n+1}+1=2(a_n+1)$ と変形できる。

このことから， $\{a_n+1\}$ は初項 a_1+1 ，公比2の等比数列である。

Check!

$a_{n+1}=pa_n+q\,(p\neq 0,\ p\neq 1)$ の形の漸化式は
$c=pc+q$ を満たす c を用いて， $a_{n+1}-c=p(a_n-c)$ と変形できる。

2 数学的帰納法

「すべての正の整数 n について～が成り立つ」ことを証明するときに，下の [1]，[2]を示す方法があります。

● 数学的帰納法

$$1^2+2^2+3^2+4^2+\cdots\cdots+n^2=\frac{1}{6}n(n+1)(2n+1) \quad \cdots ①$$

たとえば，①の式が成り立つことを証明するとき，無数にある n の値について1つずつ考えていっては証明が終わらないので，次のように考える。

> [1] $n=1$ のとき，①が成り立つことを示す。
> [2] $n=k$ のとき，まず①が成り立つことを仮定し，次にその仮定のもとで，$n=k+1$ のとき①が成り立つことを示す。

ここで，[1]，[2]が証明できたとすると，

　[1]より，$n=1$ のとき，　①は成り立つ。

　[2]より，$n=1+1=2$ のとき，　①は成り立つ（$k=1$ と考える）。

　[2]より，$n=2+1=3$ のとき，　①は成り立つ（$k=2$ と考える）。

　　　　　$\vdots$

これを続けていけば，すべての正の整数 n について成り立つことが証明できる。この証明法を**数学的帰納法**という。具体的に①を証明すると，次のようになる。

証明 [1] $n=1$ のとき，①について，

$$(左辺)=1^2=1, \quad (右辺)=\frac{1}{6}\cdot 1\cdot 2\cdot 3=1$$

となり，(左辺)＝(右辺)が成り立つ。

[2] $n=k$ のとき，①が成り立つと仮定すると，

$$1^2+2^2+3^2+\cdots\cdots+k^2=\frac{1}{6}k(k+1)(2k+1) \quad \cdots ②$$

が成り立つ。$n=k+1$ のとき，①について，

$$\begin{aligned}(左辺)&=1^2+2^2+3^2+\cdots\cdots+k^2+(k+1)^2\\&=\frac{1}{6}k(k+1)(2k+1)+(k+1)^2 \quad \leftarrow ②を代入\\&=\frac{1}{6}(k+1)\{k(2k+1)+6(k+1)\}\end{aligned}$$

$$=\frac{1}{6}(k+1)(2k^2+7k+6)=\frac{1}{6}(k+1)(k+2)(2k+3)$$

$$(右辺)=\frac{1}{6}(k+1)\{(k+1)+1\}\{2(k+1)+1\}$$

$$=\frac{1}{6}(k+1)(k+2)(2k+3)$$

以上から，(左辺)=(右辺)が成り立つ。

[1]，[2]より，すべての正の整数 n について①が成り立つ。　終

基本問題

1 n を正の整数とするとき，次の等式が成り立つことを数学的帰納法で証明しなさい。

$$1+2+3+\cdots\cdots+n=\frac{1}{2}n(n+1)$$

ポイント　$n=k$ を代入した等式を使って，$n=k+1$ の等式を導く。

解き方　$1+2+3+\cdots+n=\frac{1}{2}n(n+1)$　…①

[1]　$n=1$ のとき，①について，

(左辺)$=1$，(右辺)$=\frac{1}{2}\cdot1\cdot2=1$ となり，(左辺)=(右辺)が成り立つ。

[2]　$n=k$ のとき，①が成り立つと仮定すると，

$$1+2+3+\cdots\cdots+k=\frac{1}{2}k(k+1)$$　…②

$n=k+1$ のとき，①について，

(左辺)$=1+2+3+\cdots\cdots+k+(k+1)$

$=\frac{1}{2}k(k+1)+(k+1)=\frac{1}{2}(k+1)(k+2)$

(右辺)$=\frac{1}{2}(k+1)\{(k+1)+1\}=\frac{1}{2}(k+1)(k+2)$

(左辺)=(右辺)より，$n=k+1$ のときも①が成り立つ。

[1]，[2]より，すべての正の整数 n について①が成り立つ。

応用問題

1 次の式によって定められる数列 $\{a_n\}$ について,次の問いに答えなさい。

$$a_1 = \frac{2}{3}, \quad a_{n+1} = \frac{a_n}{a_n + 1} \quad (n = 1, 2, 3, \cdots)$$

(1) a_2, a_3, a_4, a_5 を求めなさい。

(2) a_n を推定し,それが正しいことを数学的帰納法で証明しなさい。

考え方 (2) (1)で求めた答えから規則性を考える。

解き方 (1) $a_2 = \dfrac{\frac{2}{3}}{\frac{2}{3}+1} = \dfrac{2}{5}$, $a_3 = \dfrac{\frac{2}{5}}{\frac{2}{5}+1} = \dfrac{2}{7}$, $a_4 = \dfrac{\frac{2}{7}}{\frac{2}{7}+1} = \dfrac{2}{9}$, $a_5 = \dfrac{\frac{2}{9}}{\frac{2}{9}+1} = \dfrac{2}{11}$

答え $a_2 = \dfrac{2}{5}$, $a_3 = \dfrac{2}{7}$, $a_4 = \dfrac{2}{9}$, $a_5 = \dfrac{2}{11}$

(2) 各項の分母に注目すると,3,5,7,9,11,……だから,

$$a_n = \frac{2}{3 + 2(n-1)} = \frac{2}{2n+1} \quad \cdots ①$$

と推定できる。この推定が正しいことを数学的帰納法で証明する。

[1] $n=1$ のとき,①の右辺は $\dfrac{2}{2 \cdot 1 + 1} = \dfrac{2}{3}$ となり,$a_1 = \dfrac{2}{3}$ を満たすので,①は成り立つ。

[2] $n=k$ のとき,①が成り立つ,すなわち $a_k = \dfrac{2}{2k+1}$ $\cdots ②$ と仮定する。

$n=k+1$ のとき,②より,

$$a_{k+1} = \frac{a_k}{a_k + 1} = \frac{\frac{2}{2k+1}}{\frac{2}{2k+1} + 1} = \frac{2}{2 + (2k+1)} = \frac{2}{2(k+1)+1}$$

よって,$n=k+1$ のときも①は成り立つ。

[1],[2]より,すべての正の整数 n について①は成り立つ。

2次 **2** 初項が1の数列 $\{a_n\}$ について,初項から第 n 項までの和 S_n が,
$$S_n = 3S_{n-1} \quad (n=2, 3, 4, \cdots\cdots)$$
を満たすとき,次の問いに答えなさい。

(1) S_n を求めなさい。

(2) $b_n = \dfrac{a_{n+1}}{a_n} (n \geq 2)$ で定められる数列 $\{b_n\}$ について,初項から第 n 項までの和を求めなさい。

考え方 数列 $\{S_n\}$ についての漸化式として考えて,一般項 S_n を求める。次に a_n を求める。

解き方 (1) $S_n = 3S_{n-1} (n=2, 3, 4, \cdots\cdots)$ より $\{S_n\}$ は公比3の等比数列である。
また,$S_1 = a_1 = 1$ だから,$S_n = 1 \cdot 3^{n-1} = 3^{n-1}$ **答え** $S_n = 3^{n-1}$

(2) $a_1 = 1$,また $n \geq 2$ のとき,
$$a_n = S_n - S_{n-1} = 3^{n-1} - 3^{n-2} = 3 \cdot 3^{n-2} - 3^{n-2} = 2 \cdot 3^{n-2}$$
よって,$a_2 = 2$,$b_n = \dfrac{a_{n+1}}{a_n} = \dfrac{2 \cdot 3^{n-1}}{2 \cdot 3^{n-2}} = 3 \quad (n \geq 2)$

となり,$n \geq 2$ のとき,
$$\sum_{k=1}^{n} b_k = \sum_{k=1}^{n} \dfrac{a_{k+1}}{a_k} = \dfrac{a_2}{a_1} + \sum_{k=2}^{n} \dfrac{a_{k+1}}{a_k} = \dfrac{2}{1} + \sum_{k=2}^{n} 3 = 2 + 3(n-1) = 3n-1$$

答え $3n-1$

2次 **3** n を正の整数とするとき,次の等式が成り立つことを数学的帰納法で証明しなさい。
$$1^3 + 2^3 + 3^3 + 4^3 + \cdots\cdots + n^3 = \dfrac{1}{4}n^2(n+1)^2$$

解き方 $1^3 + 2^3 + 3^3 + 4^3 + \cdots\cdots + n^3 = \dfrac{1}{4}n^2(n+1)^2 \quad \cdots$①

[1] $n=1$ のとき,①について,
(左辺) $= 1^3 = 1$,(右辺) $= \dfrac{1}{4} \cdot 1^2 \cdot 2^2 = 1$
となり,(左辺) $=$ (右辺) が成り立つ。

[2] $n=k$ のとき，①が成り立つと仮定すると，
$$1^3+2^3+3^3+4^3+\cdots\cdots+k^3=\frac{1}{4}k^2(k+1)^2 \quad \cdots ②$$
$n=k+1$ のとき，①について，

$$\begin{aligned}(左辺)&=\underline{1^3+2^3+3^3+4^3+\cdots\cdots+k^3}+(k+1)^3\\&=\underline{\frac{1}{4}k^2(k+1)^2}+(k+1)^3 \quad \longleftarrow ②より\\&=\frac{1}{4}(k+1)^2\{k^2+4(k+1)\}=\frac{1}{4}(k+1)^2(k+2)^2\end{aligned}$$

$$(右辺)=\frac{1}{4}(k+1)^2\{(k+1)+1\}^2=\frac{1}{4}(k+1)^2(k+2)^2$$

(左辺)＝(右辺) より，$n=k+1$ のときも①は成り立つ。

[1]，[2]より，すべての正の整数 n について，①は成り立つ。

練習問題

答え：別冊P30～P31

1 次の式で定められる数列 $\{a_n\}$ の一般項を求めなさい。

(1) $a_1=1$，$a_{n+1}=-\dfrac{1}{2}a_n+1$ （$n=1, 2, 3, \cdots\cdots$）

(2) $a_1=0$，$a_{n+1}=a_n+2n-1$ （$n=1, 2, 3, \cdots\cdots$）

2 次の式で定められる数列 $\{a_n\}$ について，次の問いに答えなさい。
$$a_1=3, \quad a_{n+1}=3a_n+3^{n+1} \quad (n=1, 2, 3, \cdots\cdots)$$

(1) a_2，a_3，a_4，a_5 を求めなさい。

(2) 第 n 項 a_n を推定し，それが正しいことを数学的帰納法で証明しなさい。

3 次の等式がすべての正の整数 n について成り立つことを数学的帰納法で証明しなさい。

(1) $1\cdot 2+2\cdot 3+3\cdot 4+\cdots\cdots+n(n+1)=\dfrac{1}{3}n(n+1)(n+2)$

(2) $\dfrac{1}{1\cdot 2}+\dfrac{1}{2\cdot 3}+\dfrac{1}{3\cdot 4}+\cdots\cdots+\dfrac{1}{n(n+1)}=\dfrac{n}{n+1}$

第7章

ベクトル

7-1 ベクトルとその演算 ……………… 138
7-2 ベクトルと図形 ………………… 146

7-1 ベクトルとその演算

1 ベクトルとその意味

重力や磁力といったように物体にある力が働くとき，その大きさと向きが重要になります。このように大きさと向きをもつ量のことを**ベクトル**といいます。

● ベクトルの性質

ベクトルの長さを**大きさ**(**絶対値**)という。たとえば，右の図のように線分 AB に A から B へと向きを定めたベクトル AB に対して，A を**始点**，B を**終点**という。ベクトルとは，位置を問題にしないで，向きと大きさだけに着目したもののことを指し，ベクトル AB を $\overrightarrow{AB}$ とかく。あるいは1つの文字を用いて，$\vec{a}$ などとかくこともある。向きが同じで大きさも等しい2つのベクトル $\vec{a}$, $\vec{b}$ は**等しい**といい，$\vec{a} = \vec{b}$ と表す。

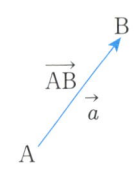

右の図の平行四辺形 ABCD において，AD=BC かつ AD//BC であることから，$\overrightarrow{AD} = \overrightarrow{BC}$ である。

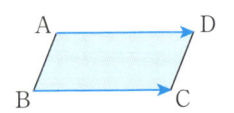

大きさが2のベクトル $\vec{a}$ と，大きさが3のベクトル $\overrightarrow{AB}$ に対して，絶対値の記号を使って，$|\vec{a}|=2$，$|\overrightarrow{AB}|=3$ と表す。

テスト 上の図の平行四辺形において，$\overrightarrow{DC}$ と等しいベクトルを答えなさい。

答え $\overrightarrow{AB}$

● 逆ベクトル，零ベクトル，単位ベクトル

$\vec{a}$ と大きさは等しいが，向きが逆であるベクトルを，$\vec{a}$ の**逆ベクトル**といい，$-\vec{a}$ で表す。$\vec{a} = \overrightarrow{AB}$ とすると，$-\vec{a} = \overrightarrow{BA}$ だから，$\overrightarrow{BA} = -\overrightarrow{AB}$ である。

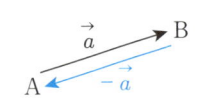

また，始点と終点が一致したベクトル($\overrightarrow{AA}$ など)は，大きさが0のベクトルである。このベクトルを**零ベクトル**といい，$\vec{0}$ で表す。

また，大きさが1であるベクトルを**単位ベクトル**という。

2 ベクトルの加法,減法,実数倍

ベクトルの加法を次のように定めることで,減法,実数倍も定まります。

● ベクトルの加法

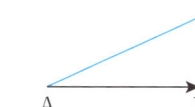

$\vec{AB}=\vec{a}$, $\vec{BC}=\vec{b}$ として,この 2 つのベクトルの和を $\vec{AC}=\vec{a}+\vec{b}$ と定める。よって,$\vec{AB}+\vec{BC}=\vec{AC}$ である。　終点と始点が一致している

・$\vec{AB}+\vec{BC}+\vec{CA}=\vec{AC}+\vec{CA}=\vec{AA}=\vec{0}$

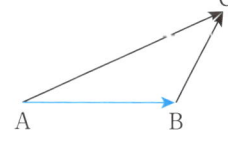

● ベクトルの減法

2 つのベクトル $\vec{a}$, $\vec{b}$ について,$\vec{a}$ から $\vec{b}$ をひいた差を次のように定める。

$\vec{a}-\vec{b}=\vec{a}+(-\vec{b})$ ← $\vec{a}$ と $-\vec{b}$ の和と考える

・$\vec{AC}-\vec{BC}=\vec{AC}+(-\vec{BC})=\vec{AC}+\vec{CB}=\vec{AB}$

● ベクトルの実数倍

$\vec{0}$ でないベクトル $\vec{a}$ に対して,$\vec{a}+\vec{a}+\vec{a}$ は $\vec{a}$ と同じ向きで大きさが 3 倍のベクトルになる。これを $3\vec{a}$ と表す。

一般に,実数 m とベクトル $\vec{a}$ に対して,$m \times \vec{a} = m\vec{a}$ が成り立つ。また,ベクトルの加法,減法,実数倍の計算は,文字式の場合と同様に計算できる。

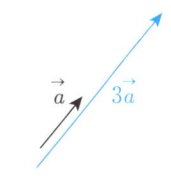

・$(-1) \times \vec{AB} = -\vec{AB} = \vec{BA}$

・$3(2\vec{a}-\vec{b})-2(\vec{a}-\vec{b})$
$=(6-2)\vec{a}+(-3+2)\vec{b}$
$=4\vec{a}-\vec{b}$

Check!

$k(\ell\vec{a}) = (k\ell)\vec{a}$
$k\vec{a} + \ell\vec{a} = (k+\ell)\vec{a}$
$k(\vec{a}+\vec{b}) = k\vec{a} + k\vec{b}$ （k, ℓ は実数）

テスト $4(\vec{a}+2\vec{b})+2(3\vec{a}-\vec{b})$ を計算しなさい。　**答え** $10\vec{a}+6\vec{b}$

3 ベクトルの成分と大きさ

これまで使ってきた座標平面上でベクトルを定めます。ベクトルに x 軸方向と y 軸方向の情報を加えることで,向きと大きさが明確になります。

● ベクトルの成分

O を原点とする座標平面で，x 軸方向に a_1，y 軸方向に a_2 進む向きのベクトルを $\vec{a}=(a_1, a_2)$ と表す。これを $\vec{a}$ の **成分表示** といい，a_1 を x **成分**，a_2 を y **成分** という。空間におけるベクトルには，これらに z **成分** が加わる。

右の図で，$\overrightarrow{AB}$ は x 軸方向に $2-6=-4$，y 軸方向に $5-3=2$ 進むベクトルだから，

$$\overrightarrow{AB}=(2-6, 5-3)=(-4, 2)$$

と表される。またこのベクトルの大きさは，三平方の定理を応用して，次のように求められる。空間におけるベクトルも同様である。

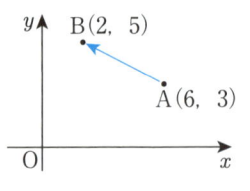

$$|\overrightarrow{AB}|=\sqrt{(2-6)^2+(5-3)^2}=\sqrt{(-4)^2+2^2}=\sqrt{20}=2\sqrt{5}$$

Check!

$\vec{a}=(a_1, a_2)$ のとき，$|\vec{a}|=\sqrt{a_1{}^2+a_2{}^2}$

$\vec{a}=(a_1, a_2, a_3)$ のとき，$|\vec{a}|=\sqrt{a_1{}^2+a_2{}^2+a_3{}^2}$

● 成分によるベクトルの加法，減法，実数倍

ベクトルの成分を用いて，ベクトルの加法，減法，実数倍の計算もできる。

空間におけるベクトルも同様に計算できる。

Check!

$\vec{a}=(a_1, a_2), \vec{b}=(b_1, b_2)$ のとき，
$\vec{a}+\vec{b}=(a_1+b_1, a_2+b_2)$　　$\vec{a}-\vec{b}=(a_1-b_1, a_2-b_2)$
$k\vec{a}=(ka_1, ka_2)$　　（k は実数）

テスト $\vec{a}=(2, 4), \vec{b}=(3, -2)$ について，$|\vec{a}-\vec{b}|$ を求めなさい。

答え $\sqrt{37}$

4 内積

2つのベクトルを加えたり実数倍することはできますが，ベクトル同士のかけ算はできません。ここで定義する内積とは，ベクトル同士のかけ算でないので注意しましょう。また，2つのベクトルの内積は，ベクトルではなく実数です。

● 内積の定義

$\vec{0}$ でない2つのベクトル $\vec{a}$ と $\vec{b}$ について，1点Oを定め，$\vec{a}=\overrightarrow{OA}$，$\vec{b}=\overrightarrow{OB}$ となる点A，Bをとる。このようにして定まる∠AOBの大きさを $\vec{a}$ と $\vec{b}$ の**なす角**という。$\vec{a}$ と $\vec{b}$ のなす角が θ であるとき，$|\vec{a}||\vec{b}|\cos\theta$ を $\vec{a}$ と $\vec{b}$ の**内積**といい，$\vec{a}\cdot\vec{b}$ で表す。なす角は，0°以上180°以下である。

また，成分表示された平面のベクトル $\vec{a}=(a_1, a_2)$，$\vec{b}=(b_1, b_2)$ に対して，この定義に基づくと，$\vec{a}\cdot\vec{b}=a_1b_1+a_2b_2$ となり，同様にして，空間のベクトル $\vec{a}=(a_1, a_2, a_3)$，$\vec{b}=(b_1, b_2, b_3)$ に対して，$\vec{a}\cdot\vec{b}=a_1b_1+a_2b_2+a_3b_3$ である。

・$\vec{a}$ と $\vec{b}$ のなす角が135°で，$|\vec{a}|=3$，$|\vec{b}|=\sqrt{2}$ のとき，

$$\vec{a}\cdot\vec{b}=|\vec{a}||\vec{b}|\cos 135°=3\times\sqrt{2}\times\left(-\frac{1}{\sqrt{2}}\right)=-3$$

・$\vec{a}=(1, 2)$，$\vec{b}=(3, -4)$ のとき，

$$\vec{a}\cdot\vec{b}=1\times 3+2\times(-4)=3-8=-5$$

Check!

> $\vec{a}$，$\vec{b}$ のなす角を θ とするとき，$\vec{a}\cdot\vec{b}=|\vec{a}||\vec{b}|\cos\theta$
> $\vec{a}=(a_1, a_2)$，$\vec{b}=(b_1, b_2)$ のとき，$\vec{a}\cdot\vec{b}=a_1b_1+a_2b_2$

テスト $\vec{a}$ と $\vec{b}$ のなす角が60°で，$|\vec{a}|=3$，$|\vec{b}|=4$ のとき，$\vec{a}$ と $\vec{b}$ の内積 $\vec{a}\cdot\vec{b}$ を求めなさい。

答え 6

● 内積の基本性質

ベクトルの内積は，文字式の乗法と同じように計算することができる。

Check!

> $\vec{a}\cdot\vec{b}=\vec{b}\cdot\vec{a}$　　　$\vec{a}\cdot\vec{a}=|\vec{a}|^2$　　　$\vec{a}\cdot(\vec{b}+\vec{c})=\vec{a}\cdot\vec{b}+\vec{a}\cdot\vec{c}$
> $(\vec{a}+\vec{b})\cdot(\vec{c}+\vec{d})=\vec{a}\cdot\vec{c}+\vec{a}\cdot\vec{d}+\vec{b}\cdot\vec{c}+\vec{b}\cdot\vec{d}$

$|\vec{a}|=4$，$|\vec{b}|=2$，$|\vec{a}+\vec{b}|=5$ のとき，内積 $\vec{a}\cdot\vec{b}$ は次のように求める。

$$|\vec{a}+\vec{b}|^2=(\vec{a}+\vec{b})\cdot(\vec{a}+\vec{b})=|\vec{a}|^2+2\vec{a}\cdot\vec{b}+|\vec{b}|^2$$

よって，$5^2=4^2+2\vec{a}\cdot\vec{b}+2^2$ より，$\vec{a}\cdot\vec{b}=\dfrac{5}{2}$

$(a+b)^2=a^2+2ab+b^2$ と同様に計算する

基本問題

1 2つのベクトル $\vec{a}=(4, 1)$, $\vec{b}=(3, -2)$ に対して, $\vec{c}=2\vec{a}-3\vec{b}$ とします。これについて, 次の問いに答えなさい。

(1) $\vec{c}$ の成分表示を求めなさい。　(2) $\vec{c}$ の大きさを求めなさい。

考え方 (1) 対応する成分ごとに計算する。

解き方 (1) $\vec{c}=2\vec{a}-3\vec{b}=2(4, 1)-3(3, -2)=(8, 2)-(9, -6)$
$=(8-9, 2+6)=(-1, 8)$　　**答え** $(-1, 8)$

(2) $|\vec{c}|=\sqrt{(-1)^2+8^2}=\sqrt{65}$　　**答え** $\sqrt{65}$

2 2つのベクトル $\vec{a}$, $\vec{b}$ のなす角が $135°$ で, $|\vec{a}|=2\sqrt{2}$, $|\vec{b}|=4$ のとき, $\vec{a}$ と $\vec{b}$ の内積 $\vec{a}\cdot\vec{b}$ を求めなさい。

ポイント $\vec{a}$, $\vec{b}$ のなす角を θ とするとき, $\vec{a}\cdot\vec{b}=|\vec{a}||\vec{b}|\cos\theta$

解き方 $\vec{a}\cdot\vec{b}=|\vec{a}||\vec{b}|\cos 135°=2\sqrt{2}\times 4\times\left(-\dfrac{1}{\sqrt{2}}\right)=-8$　　**答え** -8

3 2つのベクトル $\vec{a}=(-2, 4)$, $\vec{b}=(3, -1)$ について, 次の問いに答えなさい。

(1) $\vec{a}$ と $\vec{b}$ の内積 $\vec{a}\cdot\vec{b}$ を求めなさい。

(2) $\vec{a}$ と $\vec{b}$ のなす角 θ を求めなさい。

考え方 (2) $\vec{a}\cdot\vec{b}$ を, (1)とは別の方法で表す。

解き方 (1) $\vec{a}\cdot\vec{b}=(-2)\times 3+4\times(-1)=-10$　　**答え** -10

(2) $|\vec{a}|=\sqrt{(-2)^2+4^2}=2\sqrt{5}$, $|\vec{b}|=\sqrt{3^2+(-1)^2}=\sqrt{10}$ だから,

$\vec{a}\cdot\vec{b}=|\vec{a}||\vec{b}|\cos\theta$ より, $\cos\theta=\dfrac{\vec{a}\cdot\vec{b}}{|\vec{a}||\vec{b}|}=\dfrac{-10}{2\sqrt{5}\times\sqrt{10}}=-\dfrac{1}{\sqrt{2}}$

$0°\leqq\theta\leqq 180°$ より, $\theta=135°$　　**答え** $135°$

2次 重要 4 2つの単位ベクトル $\vec{a}$, $\vec{b}$ が $|2\vec{a}-\vec{b}|=2$ を満たします。$\vec{a}$ と $\vec{b}$ のなす角を θ とするとき,次の値を求めなさい。

(1) $\cos\theta$　　(2) $|2\vec{a}+3\vec{b}|$

考え方 (1) まず $\vec{a}\cdot\vec{b}$ を求め,$\vec{a}\cdot\vec{b}=|\vec{a}||\vec{b}|\cos\theta$ から $\cos\theta$ の値を求める。

解き方 $\vec{a}$, $\vec{b}$ は単位ベクトルだから,$|\vec{a}|=|\vec{b}|=1$

(1) $|2\vec{a}-\vec{b}|=2$ より,

$|2\vec{a}-\vec{b}|^2=(2\vec{a}-\vec{b})\cdot(2\vec{a}-\vec{b})=4|\vec{a}|^2-4\vec{a}\cdot\vec{b}+|\vec{b}|^2=2^2$

よって,$4\times 1^2-4\vec{a}\cdot\vec{b}+1^2=4$ より,$\vec{a}\cdot\vec{b}=\dfrac{1}{4}$

$\vec{a}\cdot\vec{b}=|\vec{a}||\vec{b}|\cos\theta$ より,$\cos\theta=\dfrac{\vec{a}\cdot\vec{b}}{|\vec{a}||\vec{b}|}=\dfrac{1}{4}$　**答え** $\dfrac{1}{4}$

(2) $|2\vec{a}+3\vec{b}|^2=4|\vec{a}|^2+12\vec{a}\cdot\vec{b}+9|\vec{b}|^2=4\times 1^2+12\times\dfrac{1}{4}+9\times 1^2=16$

$|2\vec{a}+3\vec{b}|\geqq 0$ より,$|2\vec{a}+3\vec{b}|=4$　**答え** 4

応用問題

1次 重要 1 2つのベクトル $\vec{a}=(2,-1,-2)$, $\vec{b}=(4, 3, -5)$ の内積 $\vec{a}\cdot\vec{b}$ と,なす角 θ を求めなさい。

解き方 $\vec{a}\cdot\vec{b}=2\times 4+(-1)\times 3+(-2)\times(-5)=15$

$|\vec{a}|=\sqrt{2^2+(-1)^2+(-2)^2}=3$,$|\vec{b}|=\sqrt{4^2+3^2+(-5)^2}=5\sqrt{2}$ だから,

$\cos\theta=\dfrac{\vec{a}\cdot\vec{b}}{|\vec{a}||\vec{b}|}=\dfrac{15}{3\times 5\sqrt{2}}=\dfrac{1}{\sqrt{2}}$

$0°\leqq\theta\leqq 180°$ より,$\theta=45°$　**答え** $\vec{a}\cdot\vec{b}=15$, $\theta=45°$

2次 重要 2 $\vec{a}=(4, 3)$, $\vec{b}=(-1, 1)$ に対して,$\vec{c}=\vec{a}+t\vec{b}$(t は実数)とするとき,次の問いに答えなさい。

(1) $|\vec{c}|^2$ を t の式で表しなさい。

(2) $|\vec{c}|$ の最小値と,そのときの t の値を求めなさい。

> **ポイント**
> (2) $|\vec{c}|^2$ は t の2次式で表されるから，$|\vec{c}|^2=a(t-p)^2+q$ の形に変形することによって，$|\vec{c}|$ の最小値を求めることができる。
> $|\vec{c}|^2$ が最小のとき，$|\vec{c}|$ も最小となることに注意する。

解き方 (1) $\vec{c}=\vec{a}+t\vec{b}=(4, 3)+t(-1, 1)=(4-t, 3+t)$ だから，
$|\vec{c}|^2=(4-t)^2+(3+t)^2=16-8t+t^2+9+6t+t^2$
$=2t^2-2t+25$

答え $|\vec{c}|^2=2t^2-2t+25$

(2) $|\vec{c}|^2=2(t^2-t)+25=2\left(t-\dfrac{1}{2}\right)^2+\dfrac{49}{2}$

と変形できるから，$|\vec{c}|^2$ は $t=\dfrac{1}{2}$ のとき最小値 $\dfrac{49}{2}$ をとる。

$|\vec{c}|\geqq 0$ だから，$|\vec{c}|^2$ が最小のとき $|\vec{c}|$ も最小となり，$|\vec{c}|$ は $t=\dfrac{1}{2}$ のとき，

最小値 $\sqrt{\dfrac{49}{2}}=\dfrac{7}{\sqrt{2}}=\dfrac{7\sqrt{2}}{2}$ をとる。

答え $t=\dfrac{1}{2}$ のとき，最小値 $\dfrac{7\sqrt{2}}{2}$

2次 **3** $\vec{0}$ でない2つのベクトル $\vec{a}$，$\vec{b}$ について，次の証明をしなさい。
(1) $|\vec{a}+\vec{b}|\leqq |\vec{a}|+|\vec{b}|$ 　　　(2) $|\vec{a}+\vec{b}|=|\vec{a}-\vec{b}|$ ならば，$\vec{a}\perp\vec{b}$

> **ポイント**
> (1) $|\vec{a}+\vec{b}|^2=|\vec{a}|^2+2\vec{a}\cdot\vec{b}+|\vec{b}|^2$，$(|\vec{a}|+|\vec{b}|)^2=|\vec{a}|^2+2|\vec{a}||\vec{b}|+|\vec{b}|^2$
> (2) $|\vec{a}+\vec{b}|^2=|\vec{a}|^2+2\vec{a}\cdot\vec{b}+|\vec{b}|^2$，$|\vec{a}-\vec{b}|^2=|\vec{a}|^2-2\vec{a}\cdot\vec{b}+|\vec{b}|^2$

解き方 (1) （左辺）$\geqq 0$，（右辺）$\geqq 0$ より，（左辺）$^2\leqq$（右辺）^{2} を示せばよい。
$|\vec{a}+\vec{b}|^2=|\vec{a}|^2+2\vec{a}\cdot\vec{b}+|\vec{b}|^2$，$(|\vec{a}|+|\vec{b}|)^2=|\vec{a}|^2+2|\vec{a}||\vec{b}|+|\vec{b}|^2$ だから，
（右辺）$^2-$（左辺）$^2=(|\vec{a}|^2+2|\vec{a}||\vec{b}|+|\vec{b}|^2)-(|\vec{a}|^2+2\vec{a}\cdot\vec{b}+|\vec{b}|^2)$
$=2(|\vec{a}||\vec{b}|-\vec{a}\cdot\vec{b})$

$\vec{a}$，$\vec{b}$ のなす角を θ とすると，$\vec{a}\cdot\vec{b}=|\vec{a}||\vec{b}|\cos\theta$，$-1\leqq\cos\theta\leqq 1$ だから，
$|\vec{a}||\vec{b}|-\vec{a}\cdot\vec{b}=|\vec{a}||\vec{b}|-|\vec{a}||\vec{b}|\cos\theta=|\vec{a}||\vec{b}|(1-\cos\theta)\geqq 0$

よって，（右辺）$^2-$（左辺）$^2\geqq 0$ だから，$|\vec{a}+\vec{b}|\leqq |\vec{a}|+|\vec{b}|$ が成り立つ。

(2) $|\vec{a}+\vec{b}|=|\vec{a}-\vec{b}|$ より，$|\vec{a}+\vec{b}|^2=|\vec{a}-\vec{b}|^2$
$|\vec{a}+\vec{b}|^2=|\vec{a}|^2+2\vec{a}\cdot\vec{b}+|\vec{b}|^2$，$|\vec{a}-\vec{b}|^2=|\vec{a}|^2-2\vec{a}\cdot\vec{b}+|\vec{b}|^2$ だから，
$|\vec{a}|^2+2\vec{a}\cdot\vec{b}+|\vec{b}|^2=|\vec{a}|^2-2\vec{a}\cdot\vec{b}+|\vec{b}|^2$
よって，$4\vec{a}\cdot\vec{b}=0$　より，$\vec{a}\cdot\vec{b}=0$
$\vec{a}$，$\vec{b}$ のなす角を θ とすると，$\vec{a}\cdot\vec{b}=|\vec{a}||\vec{b}|\cos\theta$
$\vec{a}\neq\vec{0}$，$\vec{b}\neq\vec{0}$ より，$\cos\theta=0$，すなわち $\theta=90°$ だから，$\vec{a}\perp\vec{b}$ が成り立つ。

練習問題

答え：別冊 P32

1 $\vec{a}=(3,4)$ について，次の問いに答えなさい。
(1) $\vec{a}$ と同じ向きの単位ベクトルの成分表示を求めなさい。
(2) $\vec{a}$ と垂直な単位ベクトルの成分表示を求めなさい。

2 $\vec{a}=(4,3)$，$\vec{b}=(3,-2)$ とするとき，$\vec{c}=(7,18)$ を $\vec{a}$，$\vec{b}$ を用いて表しなさい。

3 $|\vec{a}|=3$，$|\vec{b}|=5$，$|2\vec{a}-\vec{b}|=\sqrt{31}$ のとき，次の問いに答えなさい。
(1) $\vec{a}$ と $\vec{b}$ の内積 $\vec{a}\cdot\vec{b}$ を求めなさい。
(2) $\vec{a}$ と $\vec{b}$ のなす角 θ を求めなさい。

4 $|\vec{a}|=5$，$|\vec{b}|=2$，$\vec{a}\cdot\vec{b}=6$ のとき，$|\vec{a}+t\vec{b}|$ の最小値とそのときの t の値を求めなさい。

7-2 ベクトルと図形

1 位置ベクトル

平面上で点 O と A が与えられたとき，$\vec{a}=\overrightarrow{OA}$ を点 O に関する点 A の**位置ベクトル**といい，A($\vec{a}$) で表します。O はどこに定めてもかまいません。

● 位置ベクトル

A($\vec{a}$)，B($\vec{b}$) のとき，$\overrightarrow{OA}+\overrightarrow{AB}=\overrightarrow{OB}$ より $\overrightarrow{AB}=\vec{b}-\vec{a}$ です。

Check!

A($\vec{a}$)，B($\vec{b}$) に対して，$\overrightarrow{AB}=\vec{b}-\vec{a}$

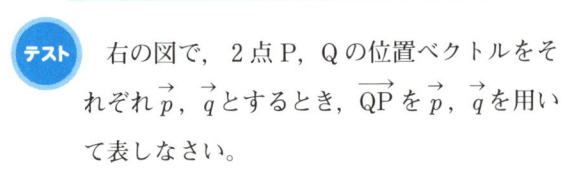

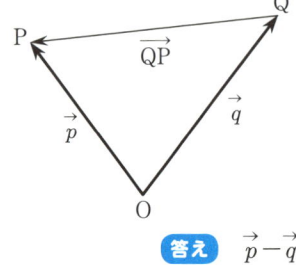

テスト 右の図で，2 点 P，Q の位置ベクトルをそれぞれ $\vec{p}$，$\vec{q}$ とするとき，$\overrightarrow{QP}$ を $\vec{p}$，$\vec{q}$ を用いて表しなさい。

答え $\vec{p}-\vec{q}$

● 3 点が同一直線上にあるときの位置ベクトル

異なる 2 点 A($\vec{a}$)，B($\vec{b}$) を通る直線 AB 上に点 P($\vec{p}$) があるとき，$\overrightarrow{AP}=t\overrightarrow{AB}$ より，$\vec{p}-\vec{a}=t(\vec{b}-\vec{a})$ すなわち，$\vec{p}=(1-t)\vec{a}+t\vec{b}$ が成り立つ。このとき，<u>$\vec{a}$ と $\vec{b}$ の係数の和は 1 となる</u>。

Check!

異なる 2 点 A($\vec{a}$)，B($\vec{b}$) に対して，
点 P($\vec{p}$) が直線 AB 上にあるとき，$\overrightarrow{AP}=t\overrightarrow{AB}$ （t は実数）
　$\vec{p}=(1-t)\vec{a}+t\vec{b}$ （t は実数），　$\vec{p}=s\vec{a}+t\vec{b}$ （s，t は実数で，$s+t=1$）
点 P($\vec{p}$) が線分 AB 上にあるとき，
　$\vec{p}=s\vec{a}+t\vec{b}$ （s，t は実数で，$s+t=1$，$s\geqq 0$，$t\geqq 0$）

● 内分点・外分点・重心の位置ベクトル

A($\vec{a}$)，B($\vec{b}$) を結んだ線分 AB を $m:n$ に内分する点 P の位置ベクトル $\vec{p}$ は，$\overrightarrow{AP}=\dfrac{m}{m+n}\overrightarrow{AB}$ より，

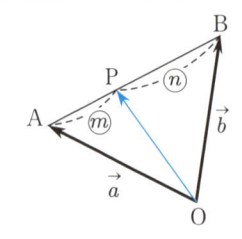

$\vec{p}-\vec{a}=\dfrac{m}{m+n}(\vec{b}-\vec{a})$　よって，$\vec{p}=\dfrac{n\vec{a}+m\vec{b}}{m+n}$

となる。同様にして，線分 AB を $m:n$ に外分する点 Q の位置ベクトル $\vec{q}$ は，$\vec{q}=\dfrac{-n\vec{a}+m\vec{b}}{m-n}$ と表される。

また，3 点 A($\vec{a}$)，B($\vec{b}$)，C($\vec{c}$) を頂点とする△ABC の重心 G の位置ベクトルを $\vec{g}$ とする。辺 BC の中点（辺 BC を 1：1 に内分する点）M の位置ベクトルを $\vec{m}$ とすると，$\vec{m}=\dfrac{\vec{b}+\vec{c}}{2}$ であり，点 G は線分 AM を 2：1 に内分する点だから，$\vec{g}=\dfrac{\vec{a}+2\vec{m}}{2+1}=\dfrac{\vec{a}+\vec{b}+\vec{c}}{3}$ と表される。

Check!

内分点・外分点の位置ベクトル
2 点 A($\vec{a}$)，B($\vec{b}$) について，線分 AB を $m:n$ に内分する点 P の位置ベクトルを $\vec{p}$，$m:n$ に外分する点 Q の位置ベクトルを $\vec{q}$ とすると，
$$\vec{p}=\dfrac{n\vec{a}+m\vec{b}}{m+n},\quad \vec{q}=\dfrac{-n\vec{a}+m\vec{b}}{m-n}$$

重心の位置ベクトル
3 点 A($\vec{a}$)，B($\vec{b}$)，C($\vec{c}$) を頂点とする△ABC の重心 G の位置ベクトルを $\vec{g}$ とすると，$\vec{g}=\dfrac{\vec{a}+\vec{b}+\vec{c}}{3}$

テスト 異なる 2 点 A($\vec{a}$)，B($\vec{b}$) を結ぶ線分 AB を 1：3 に内分する点 P の位置ベクトル $\vec{p}$ を求めなさい。

答え $\vec{p}=\dfrac{3\vec{a}+\vec{b}}{4}$

● 1 次独立

2 つのベクトル $\vec{a}$，$\vec{b}$ が $\vec{a}\neq\vec{0}$，$\vec{b}\neq\vec{0}$ かつ平行でないとき，$\vec{a}$ と $\vec{b}$ は **1 次独立**であるという。

$\vec{a}$，$\vec{b}$ が 1 次独立ならば，次のことが成り立つ。

Check!

$\vec{a}$，$\vec{b}$ が 1 次独立のとき，
$s\vec{a}+t\vec{b}=s'\vec{a}+t'\vec{b} \iff s=s',\ t=t'$
$s\vec{a}+t\vec{b}=\vec{0} \iff s=t=0$

2 空間のベクトル

空間のベクトルも，位置ベクトルの公式は平面ベクトルと同じように成り立ちます。

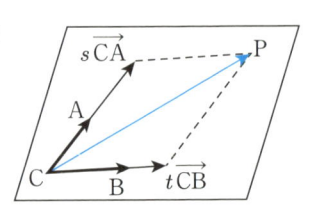

- 4点が同一平面上にあるときの位置ベクトル

3点 $A(\vec{a})$，$B(\vec{b})$，$C(\vec{c})$ を通る平面 ABC 上に点 $P(\vec{p})$ があるとき，$\overrightarrow{CP}=s\overrightarrow{CA}+t\overrightarrow{CB}$ より，
$$\vec{p}-\vec{c}=s(\vec{a}-\vec{c})+t(\vec{b}-\vec{c}) \quad \text{すなわち，}$$
$$\vec{p}=s\vec{a}+t\vec{b}+(1-s-t)\vec{c}$$
が成り立つ。

このとき，$\vec{a}$，$\vec{b}$，$\vec{c}$ の係数の和は1となる。

Check!

> 空間の異なる4点 $A(\vec{a})$，$B(\vec{b})$，$C(\vec{c})$，$P(\vec{p})$ に対して，
> $\vec{p}$ を $\vec{a}$，$\vec{b}$，$\vec{c}$ を用いて，$\vec{p}=s\vec{a}+t\vec{b}+u\vec{c}$ と表したとき，
> 　点 $P(\vec{p})$ が平面 ABC 上にある $\iff s+t+u=1$ （s，t，u は実数）

テスト 3点 $A(\vec{a})$，$B(\vec{b})$，$C(\vec{c})$ を通る平面 ABC 上の点 P の位置ベクトル $\vec{p}$ が，$\vec{p}=k\vec{a}-3\vec{b}+2\vec{c}$ で表されるとき，k の値を求めなさい。　**答え** 2

- 1次独立

空間の $\vec{0}$ でない3つのベクトル $\vec{a}$，$\vec{b}$，$\vec{c}$ が同一平面上にないとき，$\vec{a}$，$\vec{b}$，$\vec{c}$ は **1次独立** であるという。$\vec{a}$，$\vec{b}$，$\vec{c}$ が1次独立ならば，次のことが成り立つ。

Check!

> $\vec{a}$，$\vec{b}$，$\vec{c}$ が1次独立のとき，
> 　$s\vec{a}+t\vec{b}+u\vec{c}=s'\vec{a}+t'\vec{b}+u'\vec{c} \iff s=s'$，$t=t'$，$u=u'$
> 　$s\vec{a}+t\vec{b}+u\vec{c}=\vec{0} \iff s=t=u=0$

基本問題

1 2点 $A(\vec{a})$, $B(\vec{b})$ に対して，次の点の位置ベクトルを，$\vec{a}$, $\vec{b}$ を用いて表しなさい。

(1) 線分 AB を 3:2 に内分する点 P

(2) 線分 AB を 2:5 に外分する点 Q

ポイント

(1) 内分点の位置ベクトルの公式 $\dfrac{n\vec{a}+m\vec{b}}{m+n}$ を用いる。

(2) 外分点の位置ベクトルの公式 $\dfrac{-n\vec{a}+m\vec{b}}{m-n}$ を用いる。

解き方 (1) 点 P の位置ベクトルを $\vec{p}$ とすると，内分点の位置ベクトルの公式から，

$$\vec{p}=\dfrac{2\vec{a}+3\vec{b}}{3+2}=\dfrac{2\vec{a}+3\vec{b}}{5}$$

答え $\dfrac{2\vec{a}+3\vec{b}}{5}$

(2) 点 Q の位置ベクトルを $\vec{q}$ とすると，外分点の位置ベクトルの公式から，

$$\vec{q}=\dfrac{-5\vec{a}+2\vec{b}}{2-5}=\dfrac{-5\vec{a}+2\vec{b}}{-3}=\dfrac{5\vec{a}-2\vec{b}}{3}$$

答え $\dfrac{5\vec{a}-2\vec{b}}{3}$

2 AB=4，AC=7 である △ABC について，∠A の二等分線が辺 BC と交わる点を D とします。このとき，$\overrightarrow{AD}$ を，$\overrightarrow{AB}$ と $\overrightarrow{AC}$ を用いて表しなさい。

考え方 角の二等分線の性質を用いて，点 D が辺 BC をどのような比に内分するか求める。

解き方 直線 AD は ∠A の二等分線だから，

BD:CD=AB:AC=4:7

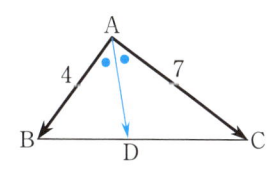

よって，

$$\overrightarrow{AD}=\dfrac{7\overrightarrow{AB}+4\overrightarrow{AC}}{4+7}=\dfrac{7\overrightarrow{AB}+4\overrightarrow{AC}}{11}$$

答え $\overrightarrow{AD}=\dfrac{7\overrightarrow{AB}+4\overrightarrow{AC}}{11}$

2次 重要 3 $\vec{a}=(0, 1, 2), \vec{b}=(2, 1, -2)$ の両方に垂直な単位ベクトルを求めなさい。

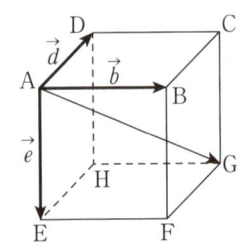

考え方 求めるベクトルを $\vec{v}$ として，$\vec{a}\cdot\vec{v}=\vec{b}\cdot\vec{v}=0$ が成り立つことを用いる。

解き方 求めるベクトルを $\vec{v}=(x, y, z)$ とする。

$\vec{a}\perp\vec{v}$ より，$\vec{a}\cdot\vec{v}=0$ だから，$y+2z=0$ …①

$\vec{b}\perp\vec{v}$ より，$\vec{b}\cdot\vec{v}=0$ だから，$2x+y-2z=0$ …②

条件より，$|\vec{v}|=1$ だから，$|\vec{v}|^2=1$ であり，$x^2+y^2+z^2=1$ …③

①，②より，$y=-2z$, $x=2z$

③に代入して，$(2z)^2+(-2z)^2+z^2=1$

これを解いて，$z=\pm\dfrac{1}{3}$ よって，$x=\pm\dfrac{2}{3}$, $y=\mp\dfrac{2}{3}$

以上から，求めるベクトルは $\left(\pm\dfrac{2}{3}, \mp\dfrac{2}{3}, \pm\dfrac{1}{3}\right)$

答え $\left(\pm\dfrac{2}{3}, \mp\dfrac{2}{3}, \pm\dfrac{1}{3}\right)$ （複号同順）

1次 4 1辺の長さが2の立方体 ABCD−EFGH について，次の内積を求めなさい。
(1) $\overrightarrow{AB}\cdot\overrightarrow{AD}$ 　　　(2) $\overrightarrow{AE}\cdot\overrightarrow{AG}$

考え方 立方体の性質を利用する。

解き方 $\overrightarrow{AB}=\vec{b}$, $\overrightarrow{AD}=\vec{d}$, $\overrightarrow{AE}=\vec{e}$ とすると，条件より $|\vec{b}|=|\vec{d}|=|\vec{e}|=2$ で，$\vec{b}$, $\vec{d}$, $\vec{e}$ のうち異なる2つのベクトルのなす角はすべて $90°$ である。

(1) $\overrightarrow{AB}\cdot\overrightarrow{AD}=\vec{b}\cdot\vec{d}=0$ 　**答え** 0

(2) $\overrightarrow{AE}=\vec{e}$ だから，$\overrightarrow{AG}=\vec{b}+\vec{d}+\vec{e}$

よって，
$\overrightarrow{AE}\cdot\overrightarrow{AG}=\vec{e}\cdot(\vec{b}+\vec{d}+\vec{e})=\vec{b}\cdot\vec{e}+\vec{d}\cdot\vec{e}+|\vec{e}|^2$
$=0+0+2^2=4$ 　**答え** 4

応用問題

1次 重要 ① 1辺の長さが3の正三角形ABCの辺BCを1：2に内分する点をDとします。このとき、内積 $\vec{AC}\cdot\vec{AD}$ を求めなさい。

解き方 内分点の位置ベクトルの公式から、$\vec{AD}=\dfrac{2\vec{AB}+1\cdot\vec{AC}}{1+2}=\dfrac{2\vec{AB}+\vec{AC}}{3}$

$|\vec{AB}|=|\vec{AC}|=3$、$\vec{AB}\cdot\vec{AC}=|\vec{AB}||\vec{AC}|\cos60°=3\cdot3\cdot\dfrac{1}{2}=\dfrac{9}{2}$ だから、

$\vec{AC}\cdot\vec{AD}=\vec{AC}\cdot\left(\dfrac{2\vec{AB}+\vec{AC}}{3}\right)=\dfrac{1}{3}(2\vec{AB}\cdot\vec{AC}+|\vec{AC}|^2)=\dfrac{1}{3}\left(2\cdot\dfrac{9}{2}+3^2\right)=6$

答え 6

2次 ② 平行四辺形ABCDの対角線ACの中点をM、△ACDの重心をGとします。$\vec{AB}=\vec{b}$、$\vec{AD}=\vec{d}$ とするとき、次の問いに答えなさい。

(1) $\vec{AM}$、$\vec{AG}$ をそれぞれ $\vec{b}$、$\vec{d}$ を用いて表しなさい。

(2) 3点B、M、Gは一直線上にあることを証明しなさい。

考え方
(1) 三角形の重心の位置ベクトルの公式を用いる。
(2) $\vec{MG}$、$\vec{BM}$ をそれぞれ $\vec{b}$、$\vec{d}$ を用いて表し、$\vec{MG}$ が $\vec{BM}$ の実数倍であることを示す。

解き方 (1) $\vec{AM}=\dfrac{1}{2}\vec{AC}=\dfrac{\vec{b}+\vec{d}}{2}$

$\vec{AG}=\dfrac{\vec{AA}+\vec{AC}+\vec{AD}}{3}=\dfrac{\vec{0}+(\vec{b}+\vec{d})+\vec{d}}{3}=\dfrac{\vec{b}+2\vec{d}}{3}$

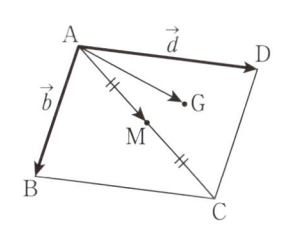

答え $\vec{AM}=\dfrac{\vec{b}+\vec{d}}{2}$、$\vec{AG}=\dfrac{\vec{b}+2\vec{d}}{3}$

(2) $\vec{MG}=\vec{AG}-\vec{AM}=\dfrac{\vec{b}+2\vec{d}}{3}-\dfrac{\vec{b}+\vec{d}}{2}=-\dfrac{1}{6}\vec{b}+\dfrac{1}{6}\vec{d}$

$\vec{BM}=\vec{AM}-\vec{AB}=\dfrac{\vec{b}+\vec{d}}{2}-\vec{b}=-\dfrac{1}{2}\vec{b}+\dfrac{1}{2}\vec{d}$

よって、$\vec{MG}=\dfrac{1}{3}\vec{BM}$ が成り立つから、3点B、M、Gは一直線上にある。

2次重要 3 △OABについて，$\vec{OA} = \vec{a}$，$\vec{OB} = \vec{b}$ とします。辺OAを1:3に内分する点をC，辺OBを5:3に内分する点をDとし，線分ADと線分BCの交点をP，直線OPと辺ABとの交点をQとするとき，次の問いに答えなさい。

(1) $\vec{OP}$ を $\vec{a}$，$\vec{b}$ を用いて表しなさい。

(2) $\vec{OQ}$ を $\vec{a}$，$\vec{b}$ を用いて表しなさい。

考え方
(1) AP:PD=s:($1-s$)，BP:PC=t:($1-t$) として，$\vec{OP}$ を $\vec{a}$，$\vec{b}$ を用いて2通りに表す。$\vec{a}$ と $\vec{b}$ は1次独立だから，$\vec{OP}$ の $\vec{a}$，$\vec{b}$ による表し方はただ1通りである。

解き方 条件より，

$\vec{OC} = \dfrac{1}{4}\vec{OA} = \dfrac{1}{4}\vec{a}$，　　$\vec{OD} = \dfrac{5}{8}\vec{OB} = \dfrac{5}{8}\vec{b}$

(1) AP:PD=s:($1-s$)（s は実数）とすると，

$\vec{OP} = (1-s)\vec{OA} + s\vec{OD}$
$\quad = (1-s)\vec{a} + \dfrac{5}{8}s\vec{b}$ …①

BP:PC=t:($1-t$)（t は実数）とすると，

$\vec{OP} = t\vec{OC} + (1-t)\vec{OB}$
$\quad = \dfrac{1}{4}t\vec{a} + (1-t)\vec{b}$ …②

$\vec{a}$ と $\vec{b}$ は1次独立だから，①と②の係数を比較して，

$1-s = \dfrac{1}{4}t$，　$\dfrac{5}{8}s = 1-t$　　これを連立して解くと，$s = \dfrac{8}{9}$，$t = \dfrac{4}{9}$

よって，$\vec{OP} = \dfrac{1}{9}\vec{a} + \dfrac{5}{9}\vec{b}$

答え $\vec{OP} = \dfrac{1}{9}\vec{a} + \dfrac{5}{9}\vec{b}$

(2) 点Qは直線OP上にあるから，

$\vec{OQ} = k\vec{OP} = \dfrac{1}{9}k\vec{a} + \dfrac{5}{9}k\vec{b}$　（k は実数）…③

と表される。また，点Qは辺AB上にあるから，

$\dfrac{1}{9}k + \dfrac{5}{9}k = 1$　　これを解くと，$k = \dfrac{3}{2}$

③の $\vec{a}$ と $\vec{b}$ の係数の和は1になる

よって，$\vec{OQ} = \dfrac{3}{2}\vec{OP} = \dfrac{1}{6}\vec{a} + \dfrac{5}{6}\vec{b}$

答え $\vec{OQ} = \dfrac{1}{6}\vec{a} + \dfrac{5}{6}\vec{b}$

発展問題

1 平面上に △ABC と点 P があり、等式 $2\overrightarrow{PA}+4\overrightarrow{PB}+3\overrightarrow{PC}=\vec{0}$ を満たしています。このとき、次の問いに答えなさい。

(1) $\overrightarrow{AP}$ を $\overrightarrow{AB}$, $\overrightarrow{AC}$ を用いて表しなさい。

(2) 点 P はどのような位置にあるか答えなさい。

(3) 面積比 △PAB：△PBC：△PCA を求めなさい。

解き方 (1) $\overrightarrow{PA}=-\overrightarrow{AP}$, $\overrightarrow{PB}=\overrightarrow{AB}-\overrightarrow{AP}$, $\overrightarrow{PC}=\overrightarrow{AC}-\overrightarrow{AP}$ を与えられた等式に代入すると、

$$-2\overrightarrow{AP}+4(\overrightarrow{AB}-\overrightarrow{AP})+3(\overrightarrow{AC}-\overrightarrow{AP})=\vec{0}$$

よって、$9\overrightarrow{AP}=4\overrightarrow{AB}+3\overrightarrow{AC}$ より、$\overrightarrow{AP}=\dfrac{4\overrightarrow{AB}+3\overrightarrow{AC}}{9}$

答え $\overrightarrow{AP}=\dfrac{4\overrightarrow{AB}+3\overrightarrow{AC}}{9}$

(2) $\overrightarrow{AP}=\dfrac{7}{9}\cdot\dfrac{4\overrightarrow{AB}+3\overrightarrow{AC}}{7}=\dfrac{7}{9}\cdot\dfrac{4\overrightarrow{AB}+3\overrightarrow{AC}}{3+4}$

と変形する。辺 BC を 3：4 に内分する点を D とすると、$\overrightarrow{AD}=\dfrac{4\overrightarrow{AB}+3\overrightarrow{AC}}{3+4}$ より、$\overrightarrow{AP}=\dfrac{7}{9}\overrightarrow{AD}$

と表されるので、AP：AD＝7：9、すなわち AP：PD＝7：2 が成り立つ。

以上から、辺 BC を 3：4 に内分する点を D として、P は線分 AD を 7：2 に内分する点である。

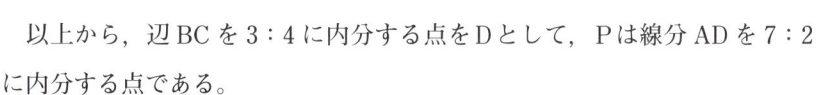

答え 辺 BC を 3：4 に内分する点を D として、P は線分 AD を 7：2 に内分する点

(3) $\triangle PAB = \dfrac{7}{9}\triangle ABD = \dfrac{7}{9}\times\dfrac{3}{7}\triangle ABC = \dfrac{1}{3}\triangle ABC$

$\triangle PCA = \dfrac{7}{9}\triangle ADC = \dfrac{7}{9}\times\dfrac{4}{7}\triangle ABC = \dfrac{4}{9}\triangle ABC$

$\triangle PBC = \triangle ABC - \triangle PAB - \triangle PCA = \dfrac{2}{9}\triangle ABC$

よって，

$$\triangle \text{PAB} : \triangle \text{PBC} : \triangle \text{PCA} = \frac{1}{3} : \frac{2}{9} : \frac{4}{9} = 3 : 2 : 4$$

答え $3:2:4$

2次 重要 2 四面体 OABC について，辺 OA を 1:3 に内分する点を D，△ABC の重心を G，直線 OG と平面 DBC との交点を P とします。$\overrightarrow{\text{OA}}=\vec{a}$，$\overrightarrow{\text{OB}}=\vec{b}$，$\overrightarrow{\text{OC}}=\vec{c}$ とするとき，$\overrightarrow{\text{OP}}$ を $\vec{a}$，$\vec{b}$，$\vec{c}$ を用いて表し，OP:PG を求めなさい。

ポイント

点 P が平面 DBC 上にあるとき，$\overrightarrow{\text{OP}}=s\overrightarrow{\text{OD}}+t\overrightarrow{\text{OB}}+(1-s-t)\overrightarrow{\text{OC}}$ と表される。

解き方 $\overrightarrow{\text{OD}}=\frac{1}{4}\overrightarrow{\text{OA}}=\frac{1}{4}\vec{a}$，

$$\overrightarrow{\text{OG}}=\frac{\overrightarrow{\text{OA}}+\overrightarrow{\text{OB}}+\overrightarrow{\text{OC}}}{3}=\frac{\vec{a}+\vec{b}+\vec{c}}{3}$$

点 P は平面 DBC 上にあるから，実数 s，t を用いて，

$$\overrightarrow{\text{OP}}=s\overrightarrow{\text{OD}}+t\overrightarrow{\text{OB}}+(1-s-t)\overrightarrow{\text{OC}}$$
$$=\frac{s}{4}\vec{a}+t\vec{b}+(1-s-t)\vec{c} \quad \cdots ①$$

点 P は直線 OG 上にあるから，実数 k を用いて，

$$\overrightarrow{\text{OP}}=k\overrightarrow{\text{OG}}=\frac{k}{3}(\vec{a}+\vec{b}+\vec{c})=\frac{k}{3}\vec{a}+\frac{k}{3}\vec{b}+\frac{k}{3}\vec{c} \quad \cdots ②$$

とそれぞれ表される。

$\vec{a}$，$\vec{b}$，$\vec{c}$ は 1 次独立だから，①と②の係数を比較して，

$$\frac{s}{4}=t=1-s-t=\frac{k}{3}$$

これを解くと，$s=\frac{2}{3}$，$t=\frac{1}{6}$，$k=\frac{1}{2}$ だから，$\overrightarrow{\text{OP}}=\frac{1}{6}\vec{a}+\frac{1}{6}\vec{b}+\frac{1}{6}\vec{c}$

また，$\overrightarrow{\text{OP}}=\frac{1}{2}\overrightarrow{\text{OG}}$ より，OG:OP$=2:1$ だから，OP:PG$=1:1$

答え $\overrightarrow{\text{OP}}=\frac{1}{6}\vec{a}+\frac{1}{6}\vec{b}+\frac{1}{6}\vec{c}$，OP:PG$=1:1$

練習問題

答え：別冊 P33〜P35

1 △ABCの辺ABを2:3に内分する点をD，辺ACを2:1に内分する点をE，辺BCを3:1に外分する点をFとします。$\vec{AB}=\vec{b}$，$\vec{AC}=\vec{c}$として，次の問いに答えなさい。

(1) $\vec{AD}$, $\vec{AE}$, $\vec{AF}$ をそれぞれ $\vec{b}$, $\vec{c}$ のうち必要なものを用いて表しなさい。

(2) 3点D，E，Fは一直線上にあることを示し，DE:EFを求めなさい。

2 空間内の2点 A(2, 4, 5)，B(3, 1, 2) について，次の問いに答えなさい。

(1) $\vec{AB}$ の成分表示を求めなさい。

(2) $|\vec{AB}|$ を求めなさい。

3 2つのベクトル $\vec{a}=(1, 1, 2)$ と $\vec{b}=(1, 0, 1)$ について，次の問いに答えなさい。

(1) 内積 $\vec{a}\cdot\vec{b}$ を求めなさい。

(2) $\vec{a}$ と $\vec{b}$ のなす角 θ を求めなさい。

4 AB=5，AC=8，∠A=60°である△ABCがあります。$\vec{AB}=\vec{b}$，$\vec{AC}=\vec{c}$ として，次の問いに答えなさい。

(1) 内積 $\vec{b}\cdot\vec{c}$ を求めなさい。

(2) ∠Aの二等分線が辺BCと交わる点をDとするとき，$\vec{AD}$ を $\vec{b}$, $\vec{c}$ を用いて表しなさい。

(3) (2)のとき，$|\vec{AD}|$ を求めなさい。

5 OA=4，OB=7，∠AOB=90°である △OAB の辺 AB 上に，OP⊥AB を満たす点 P をとります。$\vec{OA}=\vec{a}$，$\vec{OB}=\vec{b}$ として，次の問いに答えなさい。
(1) $\vec{OP}$ を $\vec{a}$，$\vec{b}$ を用いて表しなさい。
(2) AP：PB を求めなさい。

6 点 O を中心とする円の周上に 3 点 A，B，C があり，$\vec{OA}+\vec{OB}+\vec{OC}=\vec{0}$ が成り立っています。このとき，△ABC はどのような形の三角形ですか。理由をつけて答えなさい。

7 四面体 OABC について，$\vec{OA}=\vec{a}$，$\vec{OB}=\vec{b}$，$\vec{OC}=\vec{c}$ とします。この四面体の辺 OA，OB の延長上にそれぞれ $\vec{OD}=2\vec{a}$，$\vec{OE}=3\vec{b}$ となるような点 D，E をとり，△DEC の重心を G とします。直線 OG と平面 ABC との交点を P とするとき，$\vec{OP}$ を $\vec{a}$，$\vec{b}$，$\vec{c}$ を用いて表しなさい。

8 四面体 ABCD について，AB⊥CD かつ AC⊥BD ならば，AD⊥BC であることを証明しなさい。

第8章

場合の数と確率

8-1 場合の数 …………………… 158
8-2 確率と期待値 ………………… 164

8-1 場合の数

1 和の法則，積の法則

ある事柄が起こる<u>場合の数</u>を知るには，すべての場合を'もれなく'かつ'重複なく'数え上げる必要があります。ここで<u>樹形図</u>や表を活用すると考えやすくなることがあります。

● 和の法則

大小 2 個のさいころを同時に振るとき，目の数の和が 3 または 5 になる場合は何通りあるかを求めると，次のようになる。

事柄 A …目の数の和が 3 になる場合は 2 通り ⟹

大	1	2
小	2	1

事柄 B …目の数の和が 5 になる場合は 4 通り ⟹

大	1	2	3	4
小	4	3	2	1

事柄 A，B は同時に起こらない。このとき求める場合の数は，$2+4=6$（通り）となる。

Check!

和の法則
ある事柄 A，B が同時に起こらないものとする。その上で A の起こり方が m 通り，B の起こり方が n 通りあるとき，
　A または B のどちらかが起こる場合は，<u>$m+n$（通り）</u>
なお，この和の法則は，3 つ以上の事柄でも成り立つ。

テスト 大小 2 個のさいころを同時に振るとき，目の数の和が 4 または 6 になる場合の数は何通りありますか。　　**答え** 8 通り

● 積の法則

A 町から B 町に行く方法が 2 通り，B 町から C 町へ行く方法が 3 通りあるとき，A 町から B 町を通って C 町へ行く方法は，$2×3=6$（通り）となる。

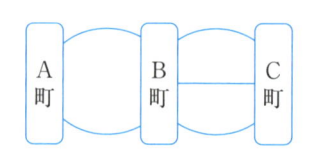

Check!

積の法則

ある事柄 A の起こり方が m 通りあり，そのどれに対しても事柄 B の起こり方が n 通りあるならば，

A，B がともに起こる場合の数は，mn 通り

なお，この積の法則は，3つ以上の事柄でも成り立つ。

テスト A，B，C のコインを同時に投げるとき，表と裏の出方は全部で何通りありますか。

答え 8 通り

2 順列

いくつかのものを順に並べるとき，その並べ方の総数は計算によって求めることができます。

● 順列

異なる n 個のものから r 個を取り出し1列に並べたものを**順列**という。順列の総数は，次の式 ${}_n\mathrm{P}_r$ で求められる。

$n!$ は n **の階乗**といい，1から n までの正の整数の積を表す。

Check!

順列の総数 ${}_n\mathrm{P}_r$

$${}_n\mathrm{P}_r = n(n-1)(n-2)\cdots(n-r+1) = \frac{n!}{(n-r)!}$$

n の階乗 $n!$

$$n! = n(n-1)(n-2)\cdots 2\cdot 1 \quad \text{とくに } {}_n\mathrm{P}_n = n!$$

テスト 次の値を求めなさい。

(1) ${}_4\mathrm{P}_2$ 　(2) $5!$

答え (1) 12 　(2) 120

順列は，条件や並ぶ形によってさまざまなパターンがある。

●条件つき順列

・あるものを続けて並べる。 ← ○○●●○○○○ など

　　　　　　　　　　　　続いている部分を1つの'かたまり'として考える

・あるものを両端に置いて並べる。 ← ●○○○○○○● など

　　　　　　　　　　　　'両端の並べ方'と'両端以外の並べ方'を分けて考える

・ある条件のものを交互に並べる。 ← ●○●○●○●○ など

　　　　　　　　　　　　端から'奇数番め'と'偶数番め'の並べ方をそれぞれ考える

・XとYを並べるとき，X同士は隣り合わない。 ← X Y Y X Y X Y Y など

　　　　　　　　　　　　Yの'すきま'または'両端'にXを配置する

●円順列 … n 個のものを円形に並べる。

n 個を一列に並べたときの場合の数 $_nP_n$ から，回転させて同じになる並べ方 n 通りを1通りとみなして，

$$\frac{_nP_n}{n} = \frac{n!}{n} = (n-1)!$$

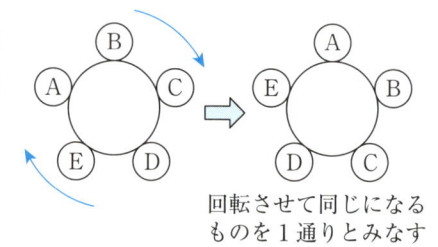

回転させて同じになるものを1通りとみなす

●重複順列 … n 個のものから r 個を取り出し1列に並べる。ただし同じものを何度選んでもよい。

列のどこでも n 通り選び方があるので，$\underbrace{n \times n \times n \times \cdots \cdots \times n}_{r個} = n^r$

●同じものを含む順列 … a が p 個，b が q 個，c が r 個あるとき，それらを1列に並べる。

p 個の a だけを使った並べ方 $p!$ 通りは，'1通り'とみなされるので，

$$\frac{n!}{p!\,q!\,r!}$$ 　（ただし，$p+q+r=n$）

テスト 4人が円形に並ぶとき，その並び方は何通りありますか。　**答え** 6通り

3 組合せ

順列では，いくつかのものを取り出して順序を区別して1列に並べることを考えましたが，並べる順序を考えずに取り出したものの組について考えます。

● 組合せ

　たとえば「6人の中から3人を選ぶ組合せ」のように，異なるn個のものからr個を取り出して，並べ方を考えずに1組としたものを **組合せ** という。組合せの総数は，次の式 $_nC_r$ で求められる。

Check!

組合せの総数 $_nC_r$

$$_nC_r = \frac{_nP_r}{r!} = \frac{n(n-1)(n-2)\cdots(n-r+1)}{r(r-1)(r-2)\cdots 1} = \frac{n!}{r!(n-r)!}$$

とくに $_nC_r = {_nC_{n-r}}$

テスト 5人のメンバーから選手3人を選ぶ組合せは何通りありますか。

答え 10 通り

● 組分け

　たとえば「10人を2人，3人，5人の3組に分ける方法」の総数は，次のように複数の組合せの積で求められる。

10人から2人を選ぶ　　8人から3人を選ぶ　　残った5人でできる5人の組（1通り）

$$_{10}C_2 \times {_8C_3} \times {_5C_5} = \frac{10!}{2!\,8!} \times \frac{8!}{3!\,5!} \times 1 = 2520 \text{（通り）}$$

基本問題

1 大中小の3個のさいころを同時に振るとき，次の場合の数を求めなさい。

(1) 目の数の和が4または5になる

(2) 目の出方の総数

考え方 (1)は和の法則，(2)は積の法則を使って解く。

解き方 (1) 出る目の数を(大，中，小)＝(1，1，1)のように表す。

目の数の和が4になる ⟶ (2，1，1) (1，2，1) (1，1，2)

の3通り。

目の数の和が5になる ⟶ (3，1，1) (2，2，1) (2，1，2)

(1，3，1) (1，2，2) (1，1，3)

の6通り。

よって，和の法則より， 3＋6＝9(通り) **答え** 9通り

(2) 大中小のさいころそれぞれに目の出方が6通りあるので，積の法則より，

6×6×6＝216(通り) **答え** 216通り

2 次の値を求めなさい。

(1) $\dfrac{11!}{8!}$ (2) $_4P_3$ (3) $_6C_4$

考え方 それぞれの公式に合わせて計算する。

解き方 (1) $\dfrac{11!}{8!} = \dfrac{11 \cdot 10 \cdot 9 \cdot 8 \cdot 7 \cdots 1}{8 \cdot 7 \cdots 1} = 990$ **答え** 990

(2) $_4P_3 = 4 \cdot 3 \cdot 2 = 24$ **答え** 24

(3) $_6C_4 = {}_6C_2 = \dfrac{6 \cdot 5}{2 \cdot 1} = 15$ ← $_nC_r = {}_nC_{n-r}$ **答え** 15

応用問題

1 男子4人と女子3人が1列に並ぶとき，次のような並び方は何通りあるかを求めなさい。

(1) 男子4人が隣り合う。 (2) 女子が隣り合わない。

考え方 (1) 男子4人を1人として考える。

(2) 複雑な条件が与えられてない男子の並び方から先に考える。女子は男子の両端または間に並ぶ。

解き方 (1) 男子4人を1人と考えると,「男子1人と女子3人の並び方」は,

$_4P_4 = 4! = 24$(通り) …①

次に, 男子4人の並び方は,

$_4P_4 = 4! = 24$(通り) …②

①, ②より, $24 \times 24 = 576$(通り)

答え 576通り

(2) まず, 男子4人の並び方は,

$_4P_4 = 4! = 24$(通り) …③

次に女子3人の並び方を考える。右の図のように, 女子は男子の両端または間の計5か所の↑のうち, 3か所に入るので,

$_5P_3 = 5 \times 4 \times 3 = 60$(通り) …④

③, ④より, $24 \times 60 = 1440$(通り)

答え 1440通り

練習問題

答え:別冊P35～P36

1 2個のさいころA, Bを同時に振ります。さいころの目の数について, Aが4以上, Bが偶数となる目の数の出方は何通りありますか。

2 十角形に対角線を引くとき, 全部で何本引けますか。

3 男子4人と女子3人を男女交互に並べる方法は何通りですか。

4 大人8人と子ども6人でパーティーをします。ゲームの参加者6人を, 大人も子どもも必ず含まれるように選ぶとき, 選び方は全部で何通りありますか。

5 9人を3人ずつ3つのグループに分けるとき, 分け方は何通りありますか。

8-2 確率と期待値

1 確率の性質

確率は天気予報のような身近なところだけでなく，社会科学にも応用されます。

● 事象と確率

起こりうる場合の数が n 通りあり，そのどれが起こることも同様に確からしいとき，事象 A の起こる場合の数が a 通りであれば，事象 A が起こる確率 $P(A)$ は，

$$P(A) = \frac{\text{事象}A\text{の起こる場合の数}}{\text{起こりうるすべての場合の数}} = \frac{a}{n}$$

で表される。たとえば，1個のさいころを振って1の目が出る確率は，全事象 U を集合で表すと $U=\{1, 2, 3, 4, 5, 6\}$ なので，起こりうるすべての場合の数は6通りであり，1の目が出る場合の数は1通りだから，求める確率は，$P(A) = \frac{1}{6}$ となる。

テスト 1個のさいころを振るとき，3の倍数の目が出る確率を求めなさい。

答え $\frac{1}{3}$

● 確率の基本性質

ある試行において，全事象 U とある事象 A，B の関係は，次のようになる。

Check!

> **確率の基本性質**
> ・事象 A について，$0 \leq P(A) \leq 1$
> ・全事象 U，空事象 ϕ の起こる確率は，$P(U)=1$，$P(\phi)=0$
> ・2つの事象 A，B について，$P(A \cup B) = P(A) + P(B) - P(A \cap B)$
> とくに事象 A，B が互いに排反（事象 A，B が同時に起こらない関係）のとき，
> $P(A \cup B) = P(A) + P(B)$ （加法定理）

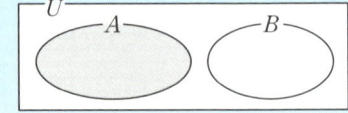

また加法定理は，3つ以上の排反な事象についても成り立つ。

事象 A，B，C のどの2つの事象も互いに排反であるとき，

$$P(A \cup B \cup C) = P(A) + P(B) + P(C)$$

> **テスト** 大小2個のさいころを同時に振るとき，出る目の数の和が6または10になる確率を求めなさい。
>
> **答え** $\dfrac{2}{9}$

2 余事象の確率

余事象の考えを利用すると，確率が簡単に求められることがあります。

● 余事象

事象 A が「……のとき，少なくとも1つは○○」であるとき，複数の場合に分けて確率を求めるため，計算が多く複雑になる。このような事象 A に対し，「1つも○○でない」という**余事象 $\overline{A}$** を利用する。$P(A)+P(\overline{A})=1$ だから，確率 $P(\overline{A})$ を1からひいて $P(A)$ を求める方法が効率的な場合がある。

> **Check!**
>
> 余事象の確率
> ある事象 A の起こる確率は，$P(A)=1-P(\overline{A})$

> **テスト** 袋の中に赤球5個，白球1個が入っています。この中から同時に2個取り出すとき，次の確率を求めなさい。
> (1) 2個とも赤球を取る　(2) 白球を取る
>
> **答え** (1) $\dfrac{2}{3}$　(2) $\dfrac{1}{3}$

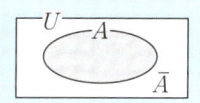

3 反復試行の確率

独立な試行の確率の考え方をもとにして，同じ試行をくり返すことによる確率を求めることができます。

● 独立な試行

さいころを1回振って，1の目が出たとしても，次にさいころを振って1の目が出る確率は変わらず $\dfrac{1}{6}$ である。このように，2つの試行の結果が互いの結果に影響を及ぼさないとき，2つの試行は**独立である**という。試行 T_1 によって事象 A が起こる確率を $P(A)$，試行 T_2 によって事象 B が起こる確率を $P(B)$ とすると，独立な試行 T_1，T_2 を行うとき，事象 A と B が同時に起こる確率 p は，次の式で表される。

Check!

独立な試行 T_1，T_2 によって，事象 A と B が同時に起こる確率 p は，
$p = P(A) \times P(B)$
　　$P(A)$ … T_1 によって事象 A が起こる確率
　　$P(B)$ … T_2 によって事象 B が起こる確率

テスト 2個のさいころ A，B を振るとき，A は 6，B は 1 の目が出る確率を求めなさい。

答え $\dfrac{1}{36}$

● 反復試行の確率

「表，裏の出る確率がともに $\dfrac{1}{2}$ のコインを n 回投げる」のように，同じ条件でくり返し独立な試行を行うことを**反復試行**という。反復試行の確率について，次のことが成り立つ。

Check!

反復試行の確率
1回の試行で事象 A の起こる確率を p とする。この試行を n 回くり返すとき，A が r 回起こる確率は，${}_n C_r \, p^r (1-p)^{n-r}$

ここで，$p^0 = 1$，$(1-p)^0 = 1$，${}_n C_0 = 1$，${}_n C_n = 1$ だから，$r = 0$ や $r = n$ のときもこの式は成り立つ。

テスト 赤球2個，白球1個が入った袋の中から1個取り出し，色を確認してから袋に戻す試行を3回続けて行います。次の式が，赤球がちょうど2回出る確率を求める式となるように，空欄［ア］，［イ］にあてはまる数を答えなさい。

${}_3 C_2 ([ア])^2 ([イ])^1$

答え ［ア］… $\dfrac{2}{3}$　［イ］… $\dfrac{1}{3}$

④ 条件付き確率

前提の条件が変わると確率も大きく変わります。確率を求めるには条件をしっかりとおさえておくことが大切です。

- 条件付き確率

 たとえば，当たりくじを1本，はずれくじを3本含む4本のくじから，はじめにAさんが1本くじを引き，それがはずれくじであったとする。これを元に戻さずに，続けてBさんがくじを引き，それが当たりくじである確率は，残り3本のうち1本が当たりくじなので，$\frac{1}{3}$となる。

 このように，全事象Uの中の事象A，Bについて，「Aが起こったとわかっている上で，さらにBが起こる」確率を，**条件付き確率**といい，$P_A(B)$で表す。これは，次の式で求められる。同時に確率の**乗法定理**も導かれる。

> **Check!**
>
> 条件付き確率　　$P_A(B) = \dfrac{n(A \cap B)}{n(A)}$
>
> 乗法定理　　　　$P(A \cap B) = P(A)P_A(B)$

5 期待値

期待値を求めることによって，有利か不利かの判断ができます。

- 期待値

 たとえば「賞金付きくじで期待できる賞金」のような期待できるすべての値の平均値を**期待値**といい，$E(X)$で表す。

 賞金額が1等x_1円，2等x_2円，……，n等x_n円であり，また当選確率が1等p_1，2等p_2，……，n等p_nであるくじについて，賞金の期待値$E(X)$(円)は各等賞金額の値と確率の積の和となる。

> **Check!**
>
> 試行によって得られる変数の値x_1，x_2，……，x_nに対し，それぞれの値をとる確率がp_1，p_2，……，p_nのとき，期待値$E(X)$は，
> 　$E(X) = x_1p_1 + x_2p_2 + \cdots\cdots + x_np_n$　　　$(p_1 + p_2 + \cdots\cdots + p_n = 1)$

金額以外にも，個数や回数の期待値も計算できる。

テスト　さいころ1個を振り，出た目の10倍の点数が与えられるとき，1回振ったときに与えられる点数の期待値を求めなさい。

答え　35点

基本問題

1 1組のトランプ52枚から2枚のカードを同時に引くとき、次の問いに答えなさい。

(1) 2枚ともスペードである確率を求めなさい。

(2) 1枚がスペードで、1枚がハートである確率を求めなさい。

考え方 組合せの総数を求める。1枚ずつ引くと考えて、順列で考えることもできる。

解き方 (1) トランプ52枚から2枚を引く組合せは $_{52}C_2$(通り)、スペードのカード13枚から2枚を引く組合せは $_{13}C_2$(通り)ある。よって、求める確率は、

$$\frac{_{13}C_2}{_{52}C_2} = \frac{1}{17} \quad \leftarrow \quad _{13}C_2 = \frac{13 \cdot 12}{2 \cdot 1}, \quad _{52}C_2 = \frac{52 \cdot 51}{2 \cdot 1}$$

答え $\dfrac{1}{17}$

(2) スペードのカード13枚から1枚引く組合せは $_{13}C_1$(通り)、ハートのカード1枚引く組合せも $_{13}C_1$(通り)ある。よって、求める確率は、

── スペードとハートを1枚ずつを引く組合せ

$$\frac{_{13}C_1 \times _{13}C_1}{_{52}C_2} = \frac{13}{102} \quad \leftarrow \quad \frac{13 \cdot 13}{\frac{52 \cdot 51}{2 \cdot 1}}$$

答え $\dfrac{13}{102}$

2 $\boxed{1}$から$\boxed{50}$までの整数が書かれた50枚のカードから1枚引くとき、書かれた整数が偶数または5の倍数である確率を求めなさい。

考え方 整数が「偶数である」事象Aと「5の倍数である」事象Bは互いに排反な事象ではないことに注意して計算する。

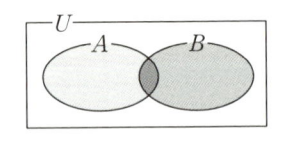

解き方 1枚引いたカードに書かれた整数が「偶数である」事象をA、「5の倍数である」事象をBとすると、

$A = \{2, 4, 6, \cdots\cdots, 50\}$, $B = \{5, 10, 15, \cdots\cdots, 50\}$

だから、$A \cap B = \{10, 20, 30, 40, 50\}$である。よって、

$n(A)=25$, $n(B)=10$, $n(A\cap B)=5$

また，$n(U)=50$ より，求める和事象 $A\cup B$ の確率 $P(A\cup B)$ は，
$$P(A\cup B)=P(A)+P(B)-P(A\cap B)=\frac{25}{50}+\frac{10}{50}-\frac{5}{50}=\frac{3}{5}$$

答え $\dfrac{3}{5}$

3 さいころ1個を3回振るとき，出る目がすべて異なる確率 $P(A)$ と，少なくとも2回は同じ目が出る確率 $P(B)$ を求めなさい。

考え方 「少なくとも○○」という事象 A については余事象「1度も○○でない」を考えて計算したほうが近道の場合もある。

解き方 さいころの目の出方は全部で 6^3 通り，1から6までの数字を3個選んで並べる方法は $_6\mathrm{P}_3$ 通りあるから，出る目がすべて異なる確率 $P(A)$ は，
$$P(A)=\frac{_6\mathrm{P}_3}{6^3}=\frac{6\cdot 5\cdot 4}{6\cdot 6\cdot 6}=\frac{5}{9}$$

また，この事象の余事象 $\bar{A}$ は，「少なくとも2回は同じ目が出る」という事象 B と同じだから，
$$P(B)=1-\frac{5}{9}=\frac{4}{9} \quad \leftarrow P(\bar{A})=1-P(A)$$

答え $P(A)=\dfrac{5}{9}$, $P(B)=\dfrac{4}{9}$

応用問題

1 A氏とB氏が続けて試合を行い，先に3勝した人が優勝とします。1回の試合でA氏が勝つ確率は $\dfrac{3}{4}$ で，引き分けはないとき，A氏が優勝する確率を求めなさい。

ポイント 反復試行の確率を用いる。優勝が決まる最後の1試合は必ず「A氏の勝ち」であることに注意する。

解き方 3勝0敗，3勝1敗，3勝2敗の確率をそれぞれ求める。
① A氏が3勝0敗する確率は，$_3\mathrm{C}_3\left(\dfrac{3}{4}\right)^3=1\cdot\dfrac{3\cdot 3\cdot 3}{4\cdot 4\cdot 4}=\dfrac{27}{64}$

② A氏がはじめの3試合で2勝1敗し，4試合めで勝つ確率は，
$$_3C_2\left(\frac{3}{4}\right)^2\left(1-\frac{3}{4}\right)\times\frac{3}{4}=\frac{3\cdot 2}{2\cdot 1}\cdot\frac{9}{16}\cdot\frac{1}{4}\cdot\frac{3}{4}=\frac{81}{256}$$

③ A氏がはじめの4試合で2勝2敗し，5試合めで勝つ確率は，
$$_4C_2\left(\frac{3}{4}\right)^2\left(1-\frac{3}{4}\right)^2\times\frac{3}{4}=\frac{4\cdot 3}{2\cdot 1}\cdot\frac{9}{16}\cdot\frac{1}{16}\cdot\frac{3}{4}=\frac{81}{512}$$

①〜③は互いに排反だから，

$$\frac{27}{64}+\frac{81}{256}+\frac{81}{512}=\frac{459}{512}$$

答え $\dfrac{459}{512}$

練習問題

答え：別冊P36〜P38

1 ⓪，①，②，③，④，⑤のカードが1枚ずつ入っている袋から3枚のカードを引くとき，書かれた数の和が偶数になる確率を求めなさい。

2 赤球5個，白球1個，青球3個が入っている袋から，同時に3個の球を取り出すとき，球がすべて同じ色である確率を求めなさい。

3 20本のくじの中に当たりくじが3本とはずれくじが17本あります。まずSさんがくじを1本引き，次にTさんが残り19本のくじから1本引くとき，当たりくじを引く確率はどちらも等しいことを証明しなさい。

4 大小2個のさいころを同時に振り，大きいさいころの目の数をx，小さいさいころの目の数をyとするとき，$|x-y|$の期待値を求めなさい。

5 5題のうち4題以上正解したら合格とする試験があり，1題あたり正解する確率が$\dfrac{2}{5}$の生徒が受験しました。この生徒が合格する確率を求めなさい。

第9章

数学検定特有問題

9 数学検定特有問題

1 思考力を要する問題

数学検定では，問題文からルールを読み取り，それにしたがって解くような思考力を要する問題も出題されます。

基本問題

2次 1 財布の中に17枚の硬貨があります。500円，100円，50円，10円，5円，1円の硬貨が全種類1枚以上含まれていて，金額の合計が750円だとすると，5円硬貨は何枚ありますか。

ポイント
硬貨17枚の考えうる組合せをすべて考えたら大変なので，与えられた条件から，考えるべき組合せをしぼりこむ。

解き方 すべての種類の硬貨が少なくとも1枚あることから，全種類を1枚ずつ，あわせて6枚の硬貨の金額を合計すると，

$500+100+50+10+5+1=666$（円）　…①

よって，残りの硬貨 $17-6=11$（枚）の合計金額は，

$750-666=84$（円）

である。ここで500円と100円は84円より大きい金額だから，1枚ずつと決まる。次に84円の端数である4円は，1円硬貨4枚でしかつくれない。よって残り7枚の硬貨で80円となる硬貨の組合せを考えればよい。

50円硬貨が1枚のとき，5円硬貨6枚で80円　…②

50円硬貨が0枚では，80円には達しない。

以上から，5円硬貨の枚数は，①，②より7枚となる。ちなみに，ほかの硬貨については，500円と100円と10円の硬貨が1枚，50円硬貨が2枚，1円硬貨が5枚である。

答え 7枚

応用問題

1 右の図のように，正方形A，B，Cが次の条件を満たすように配置されています。

条件1　正方形BはAの内側に，CはBの内側に接する。

条件2　どの正方形の辺の長さも整数で，内側の正方形の頂点は外側の正方形の辺の長さが整数になるように仕切る。

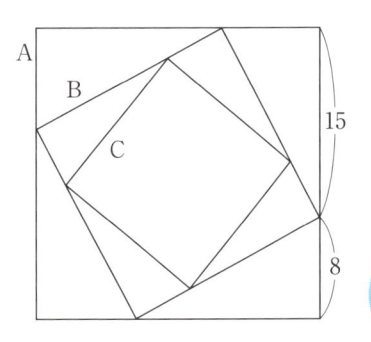

正方形Bの頂点が，Aの辺を8と15に仕切っているとき，正方形Cの1辺の長さを求めなさい。

考え方　まず，Bの1辺の長さを求める。次に，求めたBの1辺の長さを2つの整数に分け，それぞれの整数の2乗の和がある整数の2乗になるか調べる。

解き方　正方形Aの1辺の長さは15+8=23である。正方形Bの1辺の長さは，三平方の定理から，$15^2+8^2=289=17^2$ より，17である。

次に，正方形Bの1辺の長さは17だから，それを2つの正の整数の和にすると，

　1と16　2と15　3と14　4と13
　5と12　6と11　7と10　8と9

の8組が考えられる。各組について，2つの整数の2乗の和がある整数の2乗になるかどうかを調べると，$5^2+12^2=169=13^2$ だけが条件2を満たすことがわかる。よって正方形Cの1辺の長さは13と決まる。

答え　13

2

互いに異なる5個の実数があります。これらの実数が「どの3個の実数を選んでも、その和は残りの2個の実数の和よりも大きい」という条件を満たしているとき、これら5個の実数のうち正の数はいくつあるか求めなさい。

考え方 条件を式で表すために、5個の実数を n_1, n_2, n_3, n_4, n_5 とする。また、どの実数の組合せでも条件が成り立つように、3個の実数の和の最小値、余った残りの2個の実数の和の最大値(最大値−最小値の値がもっとも小さくなる)ができる組合せを考える。

解き方 互いに異なる5個の実数を、小さい順に、$n_1 < n_2 < n_3 < n_4 < n_5$ ……①
とする。

3個の実数の和の最小値は、$n_1 + n_2 + n_3$ ……②

2個の実数の和の最大値は、$n_4 + n_5$ ……③

②,③を条件にあてはめると、$n_4 + n_5 < n_1 + n_2 + n_3$ ……④

となる。また①より、$n_2 < n_4$, $n_3 < n_5$ であることから、$n_2 + n_3 < n_4 + n_5$ であり、④より、$n_2 + n_3 < n_1 + n_2 + n_3$ つまり、$0 < n_1$ が成り立つ。よって、

$0 < n_1 < n_2 < n_3 < n_4 < n_5$

となり、正の数は5個である。

答え 5個

3

16^4 を7で割ったときの余りを求めなさい。

考え方 16を7で割った余りから、16^2, 16^3 を7で割った場合を考え、規則性を見つけて 16^4 を7で割った余りを考える。

解き方 16を7で割ると、商は2、余りは2だから、式で表すと、

$16 = 2 \times 7 + 2$ ……①

①の式の左側から16をかけて 16^2 と7の関係を表すと、

$16^2 = 16 \cdot 16 = 16(2 \times 7 + 2) = \underline{16 \times 2 \times 7} + 16 \cdot 2 = \underline{16 \times 2 \times 7} + \underline{(2 \times 7 + 2) \cdot 2}$

└─ 7の倍数　　　└─ 7の倍数

$= \underline{7(16 \times 2 + 2^2)} + \boxed{2^2}$ ……②

よって，16^2 を 7 で割った余りは，$2^2=4$ となる。

同様に，②の 16^2 と右辺にそれぞれ左側から 16 をかけると，
$$16^3=16\{7(16\times2+2^2)+2^2\}=7(16^2\times2+16\times2^2)+16\times2^2$$
$$=7(16^2\times2+16\times2^2)+2^2(2\times7+2)=7(16^2\times2+16\times2^2+2^3)+2^3$$
$$16^4=7(16^3\times2+16^2\times2^2+16\times2^3+2^4)+2^4$$

$2^4=16=7\times2+2$ より，求める余りは 2 である。

答え 2

練習問題

答え：別冊 p38〜p39

1 保育園でいもほり遠足に行きます。参加費は園児一人あたり 100 円，希望があれば園児の家族も高校生以上で 1000 円，小中学生は 800 円で参加できるようにしたところ，最終的に参加者 45 人，集まった金額は 10000 円でした。高校生以上と小中学生はそれぞれ何人参加しましたか。

2 右の図のように，7 個の石を円形に並べ，次のルールで石を取り除いていく遊びをします。

仮に①の石から始めたとします。①から順に時計回りに数えていき，4 番めの石④を取り除きます。次に④の隣にある石⑤から時計回りに数えていき，4 番めの石①を取り除きます。ただし，取り除いた石は数えません。

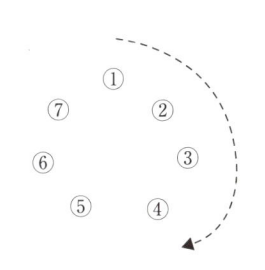

このルールで石を取り除いていき，最後に④の石を残すためには，どの石から始めればよいですか。番号で答えなさい。

3 どんな整数でも，各桁の数の和が 9 の倍数ならば，9 で割り切れます。このことを 4 桁の任意の整数を例に証明しなさい。

- 執筆協力：水野 健太郎・村川 清子・中村 真理絵
- DTP：株式会社千里
- カバーデザイン：星 光信（Xing Design）
- カバーイラスト：田島 直人

実用数学技能検定 要点整理 数学検定2級

2014年5月12日　初　版発行
2017年4月12日　第4刷発行

編　　者　　公益財団法人 日本数学検定協会
発 行 者　　清水 静海
発 行 所　　公益財団法人 日本数学検定協会
　　　　　　〒110-0005 東京都台東区上野五丁目1番1号
　　　　　　FAX 03-5812-8346
　　　　　　http://www.su-gaku.net/
発 売 所　　丸善出版株式会社
　　　　　　〒101-0051 東京都千代田区神田神保町二丁目17番
　　　　　　TEL 03-3512-3256　FAX 03-3512-3270
　　　　　　http://pub.maruzen.co.jp/
印刷・製本　　中央精版印刷株式会社

ISBN978-4-901647-50-2　C0041

©The Mathematics Certification Institute of Japan 2014 Printed in Japan
＊落丁・乱丁本はお取り替えいたします。
＊本書の内容の全部または一部を無断で複写複製（コピー）することは著作権法上での例外を除き、禁じられています。